ユメアンコウ：超黒色といわれる自らの皮膚が99%もの光を吸収することで反射をなくし、被食者からは「見えない」

バイオミメティクスは、未来を変える

Biomimetics changes the future

生物をきっかけに創られたテクノロジー

橘 悟

WAVE出版

第1章

わたしたちの生活を支えるバイオミメティクス

第２章

バイオミメティクスを見つけよう

第 3 章

未来の社会を創る
バイオミメティクス

はじめに

1. バイオミメティクスとは

これまで、「賢い！」「おもしろい！」「なんでやねんwww」と感じた生物はいないだろうか。

生物は形も生き方も様々で、人間の想像をひょいと超えてくる。バイオミメティクスは、そのような多種多様な生物からモノづくりのヒントを得る技術である。**Biomimetics** という単語は、Biology（生物学）、Mimesis（模倣）、Technics（技術）が組み合わさっている。私の言葉で表現すると、「生物の形態・生態・行動の形質を、新たな技術開発などモノづくりの参考にする技術とそれに関する研究領域」を意味する。

有名な活用例として、水をはじくハスの葉を参考にした、ヨーグルトがつきにくいフタや、ガの眼を参考にした光反射防止フィルム、サメのウロコを参考にした速く泳げる水着、ゴボウの実のフック形状を参考にした面ファスナーなどがある。しかし、実はバイオミメティクスは、建築から宇宙、農業など、ありとあらゆる分野で活用例を生み出している、めっちゃおもしろい技術なのである。

2. 生物からヒントを得るとなにができるの？

バイオミメティクスでどういうことができるのか紹介しよう。

一つは、すでにある製品や要素技術の性能向上である。Speedo社が開発した、速く泳ぐための水着『LZR Racer（レーザーレーサー）』がこれにあたる。すでに「水着」というモノがあって、「もっと速く泳ぐためにはどのような水着が良いか」という問題に対するヒントをサメから学び、泳いでいるときの抵抗を下げるウロコの構造を参考にすることでより速く泳ぐことのできる「新しい水着」が製品化された。つまり、すでに決められた課題を解決するための方法を生物から探すアプローチである。

もう一つは、これまでになかった新技術や新製品の誕生だ。おそらく誰もが一回は使ったことのある面ファスナー、いわゆる『マジックテープ』*はこれにあたる。スイスの工学者ジョルジュ・デ・メストラル氏は、山を歩いていた際に野生のゴボウの実が服に引っかかることに気づき、その構造を観察した。トゲの先端がフック状になっていることで引っかかることを突き止め、これまでになかった「着脱容易な構造」として製品開発されたのが面ファスナーである。高速水着の開発と違うのは、面ファスナーは開発された時点で面ファスナーと同じような仕組みの製品が存在していなかった点である。このようにバイオミメティクスは、これまでになかった新しい製品や技術を生み出す可能性も秘めているのである。

***マジックテープ**　株式会社クラレの商標登録

3. 生物を参考にする技術の歴史

バイオミメティクスはいつ誕生し、どのように発展してきたのか。

「バイオミメティクス」という言葉は、オットー・シュミット(Otto Schmitt, 1913–1998)によって1950年代に提唱された。シュミット氏は生物の機能を工業的に応用することに深く関心をもっており、イカの神経を参考に『シュミット・トリガー』というノイズ除去用電気回路を開発している。

また、「バイオミミクリー」という言葉を聞いたことがある人も多いかもしれない。バイオミメティクス提唱から約50年後の1997年、ジャニン・ベニュス（Janine Benyus, 1958–）は自身の書籍『Biomimicry: Innovation Inspired by Nature』でバイオミミクリーを使用し、その言葉を広めた。ベニュス氏は専門の非営利団体『The Biomimicry Institute』を立ち上げるなど、精力的にバイオミミクリーの発展と普及活動を行っている。ここで、バイオミメティクスとバイオミミクリーの違いが気になる人もいるだろう。The Biomimicry Instituteの元ディレクターであるデニス（Denise DeLuca）氏は、バイオミミクリーは持続可能性を目標に自然からのインスピレーションや発想に重点を置いているのに対し、バイオミメティクスはより優れた技術と経済的な成功を目標に抜本的な技術革新や商業化に重点を置いている、と説明している。そう、実は「バイオミメティクス」と「バイオミミクリー」は別の人が、別の時代に提唱したもので、その意味も異なるのである。バイオミミクリーの後にバイオミメティクスが生まれたように感じている人もいると思うが、それはベニュス氏の普及活動によってバイオミミクリーが日本で先に広まったからだと考えている。

バイオミメティクスが注目され始めたのは2000年以降の比較的最近の話であるが、人間による技術開発において生物を参考にすることは昔から行われてきた。1840年代、イギリスにあるテムズ川で世界初の水中トンネルを作製するためにマーク・イザムバード・ブルネル（Marc Isambard Brunel, 1769–1849）が開発した「シールド工法」が最古のバイオミメティクスの一つといわれており、これは木材に穴を開けるフナクイムシという貝類を参考にした技術である。また、1800年代後半から1900年代初期にかけてライト兄弟が動力飛行機を開発するときに鳥の飛行を参考にしたことも、バイオミメティクスといえるだろう。

4．似た名称がたくさんある

さて、バイオミメティクスとバイオミミクリーという名前が出たが、実は「生物に学ぶ」と似た意味で使用される用語はとても多い。私がこれまで見たことのある名称を次に列挙してみた。

ネイチャーインスパイアードデザイン	Nature-inspired design
ネイチャーテクノロジー	Nature technology
バイオイミテーション	Bio-imitation
バイオインスパイアードテクノロジー	Bio-inspired technology
バイオインスパイアードデザイン	Bio-inspired design
バイオインスピレーション	Bio-inspiration
バイオニクス	Bio-nics
バイオフィリックデザイン	Bio-philic design
バイオミネラリゼーション	Bio-mineralization
バイオミミクリー	Bio-mimicry
バイオミミック	Bio-mimic
バイオミメティクス	Bio-mimetics
バイオミメティックアーキテクチャ	Bio-mimetic architecture
バイオミメティックテクノロジー	Bio-mimetic technology
バイオミメティックデザイン	Bio-mimetic design
バイオメカニクス	Bio-mechanics

（五十音順）

「生物を参考にする」というのがなんとなく感じ取れそうな用語が並んでいるが、接頭語がバイオだったりネイチャーだったり、続くのがミミックだったりインスパイアだったり、追加でデザインがついたりテクノロジーがついたり…。もう少し統一できないかと思うことも正直あるが、それぞれの言葉で「なにに重点を置くか」という定義（ここまでくるとこだわり？）があり、微妙なニュアンスの違いがある。生物をそのまま使う技術が該当するのかどうか、形の模倣だけでも該当するのかどうかなど、そのわずかなニュアンスや重点の違いによってドンピシャの言葉が変わるため、これほど多くの用語があるのだろう。これらの名称は全くの別物なのではなく、それぞれの意味する範囲が一部重複している。他にも、昆虫に関係したバイオミメティクスをエントモミメティクス、植物に関係したバイオミメティクスをプラントミメティクスなど、参考にされた生物のグループを強調する呼び方もある。

“Biomimetics”（バイオミメティクス）という言葉は工業的な用語の国際規格や定義を定めるISO（国際標準化機構）でも認証されており、学術的にも一般的な用語として使用されているが、英語の論文では“Bio-inspiration”（バイオインスピレーション）もよく見かける。一方、“Biomimicry”（バイオミミクリー）は少ないように思う。本書では、厳密には意味が異なるのを承知の上で、「バイオミメティクス」を使って生物から学ぶことのおもしろさを伝えていきたい。

第1章

わたしたちの生活を支える
バイオミメティクス

飛行機の表面がサメ肌になった

あ、サメが飛んでる…!（幻覚）

「バイオミメティクスの活用や研究例で成功しているものは何か」と聞かれたとき、私なら「ハスの葉のロータス効果か、サメ肌のリブレット構造」と答える。サメ肌から誕生したバイオミメティクス技術は世界中で注目されている。

サメ肌のバイオミメティクスといえば、2008年の北京オリンピックで数々の好記録を生み出したことで話題となったSpeedo社の高速水着『LZR Racer』を思い出す人もいるだろう。思えば、このサメ肌水着が有名になったことがバイオミメティクス開発に拍車をかけたのでは、と感じるほど素晴らしい着眼点であった。

しかし、サメ肌が参考にされている技術は水着だけではない。ここでは、水着よりも多くの人に関係しそうな大注目の最新事例を紹介しよう。

サメのウロコは、泳ぐときに必要な力を小さくする

サメのウロコ１枚には、小さな溝が３本ほど並んだリブレット（Riblet）と呼ばれる構造がある。この構造は、泳いでいるときに体のまわりの水から受ける抵抗を小さくする効果があり、

泳ぐために使うエネルギーを減らすことができる。

少し詳しく説明すると、リブレット構造の小さな溝は、体表面におこる渦に影響する。この渦が生じることで抵抗力が発生するのだが、水の流れを乱さないようにして渦を小さくしたり、渦を体の表面から遠ざけたりすることでその抵抗力は小さくなる。つまり、進みやすくなるのである。

なお、サメは現在500種ほど確認されている。海底にいることの多い底生性のネコザメから、遊泳しながら生活する遊泳性のイタチザメやモミジザメ、ホホジロザメまで、その生態は多様でウロコの形態も多様ある。その多様性から、注目されているのはウロコの形だけではない。たとえば、海底で暮らす生態をもつクサリトラザメ（*Scyliorhinus retifer*）は蛍光発光*するが、皮膚にあるその蛍光物質が生物蛍光として一般的な緑色蛍光タンパク質（GFP）とは異なる新たな化合物であったことや、さらにその物質には抗菌作用がある可能性も報告されている。サメの新たな発見に驚くばかりである。

＊蛍光発光　短い波長の光を吸収し、それより長い波長の光を放つ現象。主に青い光を吸収して、緑色の光を放つ。化学反応などによって光を発する「生物発光」（ホタルなど）とは異なる。

底生性サメ（ネコザメ）のウロコ

遊泳性サメ（モミジザメ）のウロコ

底生性のネコザメにはリブレット構造はみられないが、モミジザメのウロコにはリブレット構造（筋状の隆起）が見られる。

飛行機の燃料削減に期待されるサメ肌

サメが泳ぐときに水の抵抗を減らすリブレット構造は、応用することで空気抵抗を減らすこともでき、航空機の機体表面への利用で燃費削減の効果が期待されている。Lufthansa Technik社とBASF社は、サメ肌を参考に開発したリブレットフィルム『AeroSHARK』を共同開発した。Lufthansa Cargo社はAeroSHARKを機体に貼りつけることで、年間1％削減効果を見込んでいる。1％の燃料というと少なく聞こえるかもしれないが、搭載予定機全体で計算すると、年間4000トンの燃料、便数に換算するとドイツ（フランクフルト）—中国（上海）間の約53便分、13000トンのCO_2排出量、という膨大な削減効果になるそうだ。

Swiss International Air Lines社（SWISS）は、2022年にAeroSHARKを搭載した世界初の旅客機の運航を開始した。そ

して、2023年の一年間で2200トン以上の燃料と約7100トンのCO_2排出量を削減したと発表している。

航空機にサメ肌の仕組みを搭載する研究開発は日本でも行われている。日本航空株式会社（JAL）は、国立研究開発法人宇宙航空研究開発機構（JAXA）、オーウエル株式会社、株式会社ニコンとともに、機体の塗膜表面をリブレット構造にする開発を進めている。

サメのウロコの形を参考に開発されたAeroSHARK
（提供：Lufthansa Cargo）

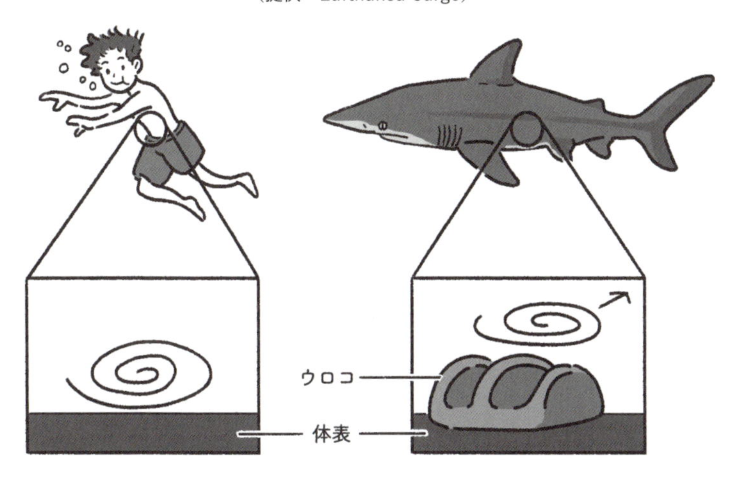

魚のウロコの機能が注目されている

近年、サメだけでなく、様々な魚のウロコが注目されている。たとえば、ヨーロッパシーバス（*Dicentrarchus labrax*）のウロコ構造を参考にした『Biomimetic scale array（バイオミメティック魚鱗配列）』が抵抗減少に効果があるとして研究が進められている。

サメももちろんそうだが、魚類という枠組みで見ると膨大なウロコの形態があると想像できるだろう。速く泳ぐときにエネルギーを節約できれば良いのはサメだけに必要なものではないので、今後ウロコの形を観察したデータが集まって工学的な検証が進むと、より効率的な形態のウロコがみつかって新しい技術に発展するかもしれない。

個人的には、カツオやオニオコゼといった、ウロコのない部分をもつ魚の皮膚が何か未知の機能をもっていないか、それを何らかの技術として応用できないかが気になるところである。

アリの“毛”で日光をはねかえし、温度上昇を防ぐ

毛の断面の形まで適応しているのか…!

なぜ砂漠でも生きられる生物がいるのか—
そして、それらの生物はどのように砂漠で生きているのか—

ときに地面の表面温度が70℃を超えることもある砂漠は、多くの生物にとって生きていくのにかなり過酷な環境であるが、そのような環境を生息地とする生物がいる。彼らは何らかの生存戦略をもって、過酷な環境でも生存できており、その戦略こそ、バイオミメティクスのアイデアとして注目されている。

三角形断面の毛が、光を反射する

昼間は強烈な直射日光が降りそそぎ、気温50℃、地表面温度70℃にも達する砂漠は、暑さに弱い私にとって「暑い💦」ではすまない環境である。多くの人間にとって命の危険を感じる場所だろう。しかし、砂漠に生息し、光があたった体の部分が銀色に輝いて見えるサハラギンアリ（*Cataglyphis bombycina*）は、特徴的な形態の体毛によって、強力な日光や過酷な暑さに耐えられる術を身につけている。

そもそも生物の毛には、寒さや風、紫外線、衝撃から体（皮膚）を守る目的がある。つまりそれぞれの生物がそれぞれの生息環境に適応した毛をもっている可能性が高い。そして、顕微鏡を使って一本の毛の細かい構造を観察することで、毛の構造による機能までもがバイオミメティクスにおいてとても注目される状況になっている。

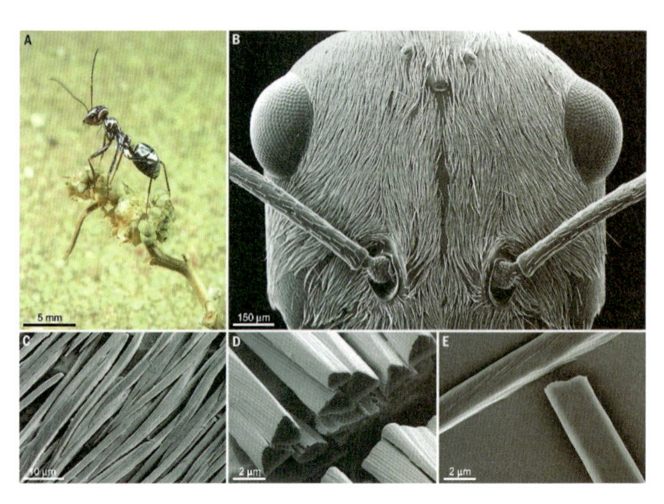

サハラギンアリと、断面（D）が三角形の体毛（Norman Nan Shi *et al.*, 2015）

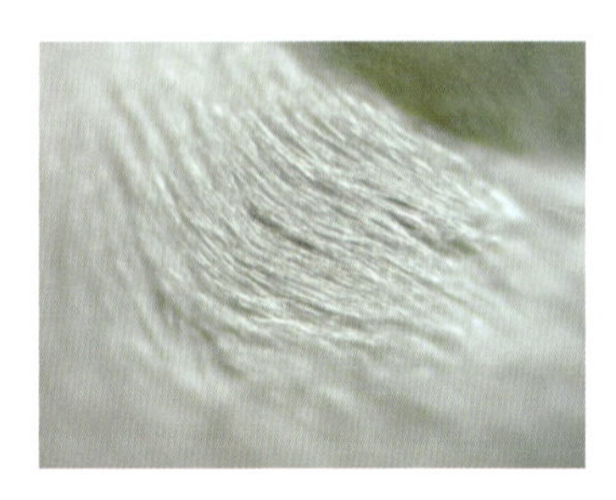

サハラギンアリの体毛に光があたると、銀色に輝く

人間の毛髪の断面は円形や楕円形だが、サハラギンアリがもつ太さ約3 µmの体毛の断面は、なんと**三角形**である。三角形のプリズム構造で日光を反射するのだが、この毛の形状と光の反射の関係について行われたモデル計算によると、広い入射角範囲（34.9度以上）において、入射光の90%を反射できる仕組みになっているそうだ。

さらに、三角形の毛が積み重なった状態であれば下にある他の毛でも再度反射させることができるので、アリ個体で考えると反射率は90%より高くなる。このアリに光を照射した体温測定実験では、体毛を剃った個体に対して剃らないままの個体は、体温がおよそ2℃低くなるそうだ。

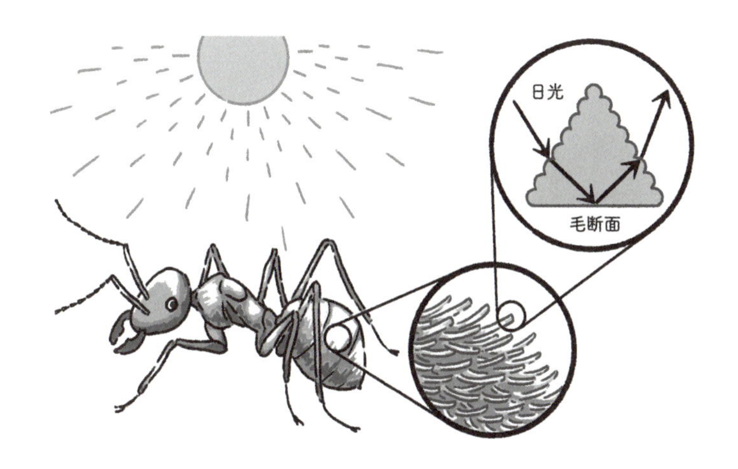

日中が暑いなら夜移動すればいいのに、と感じる人もいるだろう。しかし、サハラギンアリは暑い時間帯に移動できる術を身につけたことで、死骸などの餌を広範囲で探すことができ、ま

た、涼しい時間に活動するトカゲといった捕食者を避けやすい、という大きなメリットを享受している。

涼しく保つ布製品へ

サハラギンアリの三角形の体毛が太陽光を反射する仕組みを参考にした布製品が研究開発されている。トヨタ紡織株式会社の『シルバーアント遮熱表皮』である。

三角形体毛を繊維で再現しているこのバイオミメティクス表皮を自動車内装部品に用いることによって、太陽光によるその内装部品の温度の上昇を最大約20℃低く保つことができるそうだ。また、光の反射により光沢が生まれ、上質な見た目になることも利点となっている。

シルバーアント遮熱表皮は自動車向けの内装部品として開発が進められているが、夏の日差し対策や高温対策は多くの人々にとって解決してほしい問題であり、今後衣服などの様々な製品へ搭載されていくことを願っている。

シルバーアント遮熱表皮。
ランプを照射する検証デモでは、従来品の表面が59℃なのに対し、シルバーアント遮熱表皮の表面は42℃と、17℃も低くなっている。（提供：トヨタ紡織株式会社）

生物の毛はモノづくりにつながるアイデアの宝庫

アリに限らず多くの生物は毛状組織を体のどこかにもっており、バイオミメティクスにつながりそうな機能がたくさん研究されている。

たとえば、落葉広葉樹であるポプラの葉裏面に層状（厚さ約200 μm）に広がる高密度の毛は、中空構造をしており、太陽光を散乱させる効果をもっている。これを参考に、光の反射率が高く、強力に水をはじく繊維膜が開発され、建造物の「涼しい屋根」としての活用が検討されている。

また、東南アジアに生息するシロコガネ（*Cyphochilus*）は、白いウロコのような小さい組織をほぼ全身にまとっている。ウロコ内で細い毛状組織が網目状につながった構造をしており、この組織の光反射による白さに着目して、薄く白いセルロースフィルムが開発されている。「とても白い」というのが特徴なので、白色着色料としても使用され、健康被害が懸念される二酸化チタンの代替材料としての応用も注目されている。

これらのように、ひとことに“毛”といってもその毛がもつ機能は様々で、その多様さはモノづくりに新たな視点を与えてくれる。ほとんどの毛は肉眼では構造までわからないが、顕微鏡などを使えばミクロな構造を観察できるので、様々な生物の毛を調べてみるのもおもしろそうだ。

ホッキョクグマは、交通安全、繊維、家電に貢献している

最も多くのバイオミメティクス技術を
人に与えた生物かもしれない

極地に生息するホッキョクグマ

とても寒い北極圏に生息するホッキョクグマは、体長2 m、体重450 kg以上にも成長する大型哺乳類である。長時間海を泳ぐこともあり、陸上では時速40 kmで走ることができる。白くて丸くてモフモフしてそうなので可愛らしくも感じるフォルムだが、クマ科の中では最大級に大きく、主にアザラシを狩って食べる生活をしている。ときにはセイウチを襲うこともあるそうだ。日本では、水族館や動物園など約20の施設で飼育されているので、興味のある方はぜひ訪れてみてほしい。近くでみると大迫力の動きを体感できる。

氷の上でも滑らない足と、スタッドレスタイヤ

雪が積もったときや気温が氷点下のときは、滑って転ぶことに注意しなければいけない。私は雪が少ない地域で育ったので、雪道を滑らないように歩くことには慣れておらず、気を付けていても転びそうになってしまう。

しかし、ホッキョクグマはどうだろうか。氷の上を移動することが多いホッキョクグマが滑って転んでいては話にならない。実は、滑らない仕組みがちゃんと足の裏に隠されている。

ホッキョクグマの足の裏には直径1mm程度の粒状の凹凸がある。氷の上で滑る原因となる薄い水の膜を、足裏の凹凸で吸収することで、氷上でも足と地面の摩擦をしっかり効かせて、滑りにくくなっている。また、足の裏にある毛も、水を吸い上げるのに役立っている。

氷上を歩くホッキョクグマ
(Christian Sonne *et al*., 2019. Photo: Rune Dietz)

株式会社ブリヂストンは、このホッキョクグマの足裏の凹凸構造からヒントを得て、スタッドレスタイヤ『BLIZZAK』(ブリザック)を開発した。無数の気泡を含む発泡ゴムをタイヤの材料とすることでタイヤ表面に小さな凹凸がつき、ホッキョクグマの足裏と同様に水を吸い込む仕組みだ。ブリヂストンのブログによると、「タイヤそのものの素材に気泡を含ませることで滑りの原因となる水膜をスポンジのように吸い取り除去するという独自の技術」だという。

さらに『BLIZZAK』の開発には、ヤモリの足も参考になっている。ガラス面でも滑らずに移動でき、壁面との驚異的な吸着力を発揮するヤモリの足には、無数の毛が生えていて、その先端がさらに細かく分割されたパッドのような構造となって吸着力を得ている。その構造をヒントに、タイヤの表面にある細かな切れ込みが開発されたとのこと。サイプと呼ばれるその細かな切れ込みが水を取り込むことで、タイヤと路面が接することを助けている。

冬道の氷の上を車で安心安全に走るという技術には、実は生物が深くかかわっていたのである。

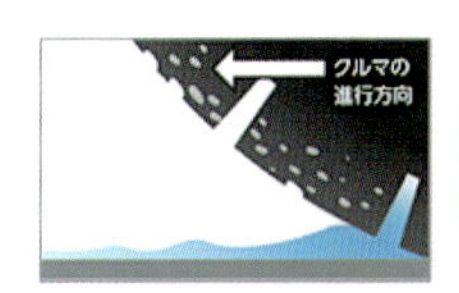

タイヤ表面の凹凸が氷上の水膜を取り込むことで、滑りを防止（提供：株式会社ブリヂストン）

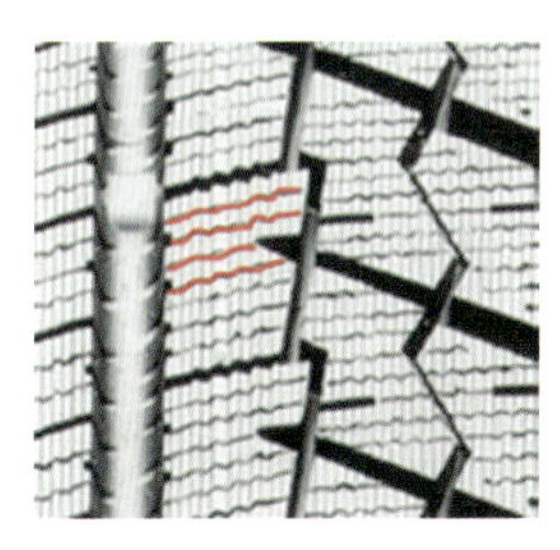

ヤモリの足からヒントを得たタイヤのサイプ（提供：株式会社ブリヂストン）

断熱性の高い毛と、薄く暖かいセーター

－50℃にも達する寒冷な環境で生きていくために、ホッキョクグマは体を温かく保つ何らかの仕組みをもっているはずである。ホッキョクグマの毛は、人間の髪の毛や羊毛（ウール）のような中身が詰まった毛と違って、中心が多孔質構造になっており、空洞が多く含まれる。空気は熱伝導率が低いため、多孔質構造の毛で体表を覆うことでホッキョクグマは体が発する熱を外に逃さず体温が下がるのを抑えている。

この構造を参考に、保温性能が高いセーターが研究開発されている。－20℃の冷凍室で服の保温効果を試した実験では、ホッキョクグマから学んで作られたセーターは、ダウンジャケットと比較して1/3～1/5の薄さでほぼ同等の保温機能を示す。

ホッキョクグマと同様に、トナカイの毛も多孔質だそうで、寒い環境に生息する生物は寒い環境でも耐えられる理由があることがうかがえる。

毛の光反射が冷蔵庫内のランプカバーへ

ホッキョクグマの毛は一見白色に見えるためシロクマとも呼ばれるが、実はその毛の色は透明である。さきほどホッキョクグマの毛は空洞が多いと言ったが、その空洞によって光が散乱することで、白く見えている。

従来ランプカバー

光の指向性が強くまぶしく感じる。

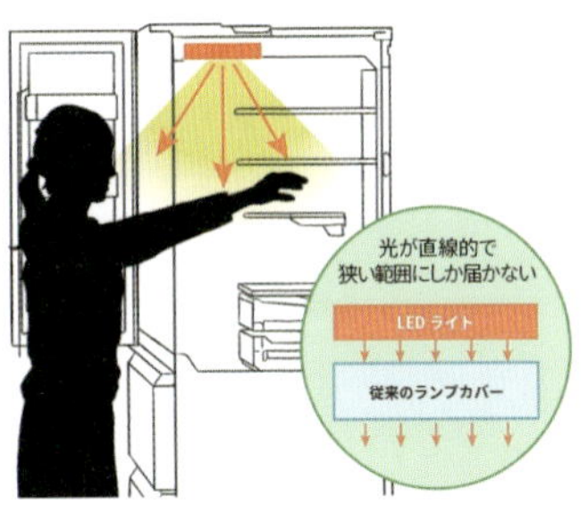

シロクマの毛の構造応用 LED ランプカバー

光を広く拡散し、まぶしさを抑えながら奥まで明るい庫内を実現。

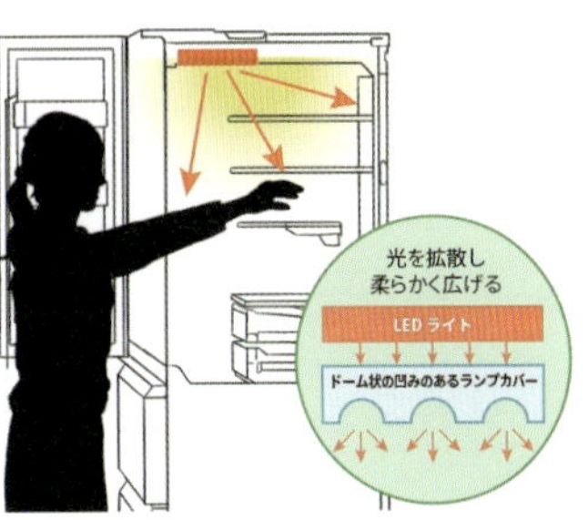

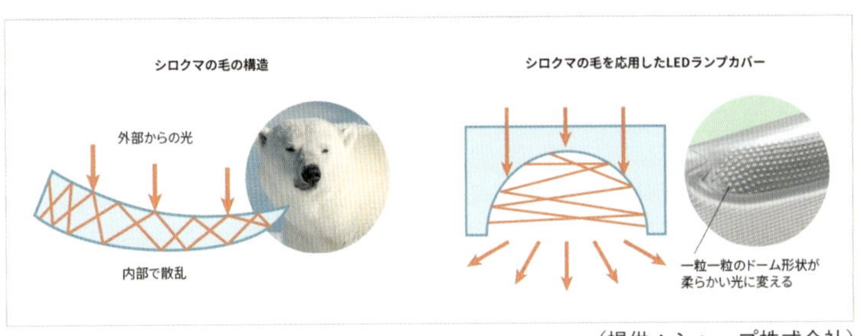

（提供：シャープ株式会社）

寒い環境では日光は貴重な熱源となる。ホッキョクグマの毛は、日光を毛の空洞で何度も反射させることで、できるだけ熱を外部に逃さず、体をより温める役割をもっている。そして、保温効果ではなく、光を拡散する特徴に着目したバイオミメティクスが、実は家電にある。

シャープ株式会社は、光の散乱で白く見えるホッキョクグマの毛の構造を参考に、冷蔵庫内の新たな「ランプカバー」を開発した。従来のランプカバーでは、光源から直線的に光が進むため冷蔵庫内に光が広がりにくく、食材などを詰め込んでしまうと、奥や隅のほうが暗くなり何があるか見えにくくなるという難点があった。しかし、新しいランプカバーでは、多数のドーム状のくぼみによって光をいろいろな方向に拡散させることで冷蔵庫の奥まで照らし、見やすくする仕組みとなっている。

ホッキョクグマに関するバイオミメティクスを３つ紹介したが、どれも生物の生態と、足や毛の形態と、人間が解決したい問題が上手く結びついている。つまり、北極圏で生息する際に直面する問題である「寒い・氷の上は滑りやすい」に対するホッキョクグマの進化的適応と、「温かくしたい・滑らないようにしたい」という技術の需要がつながっているのである。

私たちの生活を改善するバイオミメティクスのアイデアは、何も一種の生物から一つだけとは限らない、ということがホッキョクグマから生まれたこれらの事例からよくわかる。

サボテンから生まれる建築アイデア

暑いところにいる生物は、暑くないの？

砂漠は、日差しが強く乾燥し、一日の寒暖差も激しい。とてもじゃないが、砂漠に放り出されたら私は生きていけない。しかし、そんな過酷な環境でも、さきほど紹介したサハラギンアリのようにどうにかして生息している生物が多数いる。

観葉植物として人気がある「サボテン」もそのうちの一つである。植物園では、乾燥した温室環境を人工的に調節してサボテンを展示しているところも少なくない。砂漠のような過酷な環境で生息するには、暑さに耐える何らかの仕組みが必要であり、その仕組みはバイオミメティクスにもつながる。

ちなみに、「サボテン」は1450種以上を含むサボテン科の総称であり、実は乾燥地帯だけでなく草原や熱帯雨林などに生息している種もいる。

サボテンの独特な形

多様な環境に生息しているとはいえ、乾燥地に生息する植物代表のようなイメージが強いサボテンだが、あらためてその姿を見てみると、かなり特徴的な形態をしている。一般的な植物のような、細い茎に平らな葉がついている形とは大きく異なる。

「これが植物ならどこが茎でどこが葉？」と考えずにはいられない不思議な生物である。

そんなおもしろい形のサボテンだが、なんといっても「鋭いトゲ」が特徴であろう。このトゲは葉が変化したものとされており、様々な役割をもっている。鋭いトゲで覆われることで、水分を蓄えている茎部分を動物に食べられないように守ったり、日光の紫外線を防いだりする機能もある。多くの植物は、葉から大気中に水分を水蒸気として放出する「蒸散」を行うが、サボテンではその葉がトゲ状になることで表面積が小さくなり、内部の貴重な水分が失われにくくなっている。

サボテン表面の昼と夜の温度差をシミュレーションした実験では、トゲがある状態のサボテンでは25℃差であるのに対し、トゲがない場合は41℃差であったことから、トゲによって温度変化が抑えられている可能性も示されている。

快適な建造物のヒントに

サボテンの高温に耐えられる仕組みは、建造物への応用が期待されている。デンマークのコペンハーゲンには、サボテンからインスパイアされた建物『Kaktus Towers』が実際にそびえたっている。まるでビル全体がねじられたかのように各階が少しずつ回転した形をしているが、各階の飛び出したバルコニーがサボテンのトゲから発想を得ており、上の階のバルコニーが下の階を日陰にすることで快適な室内環境になる仕組みだそうだ。

また、建築はされなかったが、サボテンのトゲが光を遮る形を参考にした外壁のサンシェードが動くことで、あたる太陽光の量を調整する建造物が提案された事例もある。

近年、消費するエネルギーを減らし、かつ自らエネルギーを創り出すことで建物の消費エネルギー収支をゼロにすることを目指した、「ZEB」（ゼブ、Net Zero Energy Building）という指標が注目されている。そのような需要もあるので、サボテンにかぎらず、生息環境に適した特徴をもつ生物から省エネに貢献する新しいバイオミメティクスが今後生まれてくるだろうと期待している。

生物の形態の単純化はおもしろい

人間によるモノづくりだと部品や機能の追加によって性能を改善していくことが多いため、どうしても複雑になっていく。しかし、サボテンのトゲのように複数の機能を兼ねた生物の最適化や単純化をみると私はつい「生物ってすごいなぁ…」と感動してしまう。一つの部分に複数の機能を担わせるという視点も生物から学べるかもしれない。

カの触角やクモの糸を参考にした、指向性マイク

発想の大勝利！

人ごみや騒音の中で電話をするのは難しい。相手の声は聞こえにくいし、自分の声にも雑音が入ってしまい、お互い快適な通話ではないだろう。しかし、日常でよくあるそのような問題も、バイオミメティクスで解決できるかもしれない。

なぜなら、生物には、人間の耳とは異なる仕組みで「音」や「振動」を感知するものが多数いるからだ。コウモリやイルカなどのように超音波を使って周りの環境を知る生物もいれば、キリギリスのように左右の前肢に鼓膜をもち、それぞれの鼓膜が振動するタイムラグで音の発生源の方向を感知する生物もいる。

ここでは、そのような「生物の感知システム」から誕生したバイオミメティクスを紹介する。

クモは糸の振動を敏感に感じとり、カのオスは触角でメスの羽音を感知する

まず、振動と音の関係は「糸電話」がイメージしやすい。糸電話で音が伝わるのは、発した音（声）が振動として糸を伝わり、つながった先のコップで再び音になる、というシンプルなものだ。人間は、空気の振動を耳内部の鼓膜でとらえて、耳小骨という小さな骨で振動を内耳に伝えることで音として認識し

ている。しかし、生物によって音や振動を感知する方法は異なる。

ジョロウグモなど網状の巣をはるクモは、巣を形作っている糸の振動を脚（あし）で感じている。具体的には､脚にある「聴毛」という細長い毛で空気の振動や糸の振動を感知しているとされている。そして、クモの糸は、既知の生物センサーの中でもトップレベルに感度が高いとされており、低周波から超音波まで、人間の可聴域を大きく超える周波数範囲の振動を検出することができる。

また、カのように特定の周波数（羽音）を感知して交尾相手を探す生物もいる。カは羽毛状の触角をもつが、特にオスの触角は、メスの羽音によく反応するのである。触角に細い毛が多数生えていることで大きな表面積となり、空気の振動を敏感に感じとるセンサーの役割を担っている。

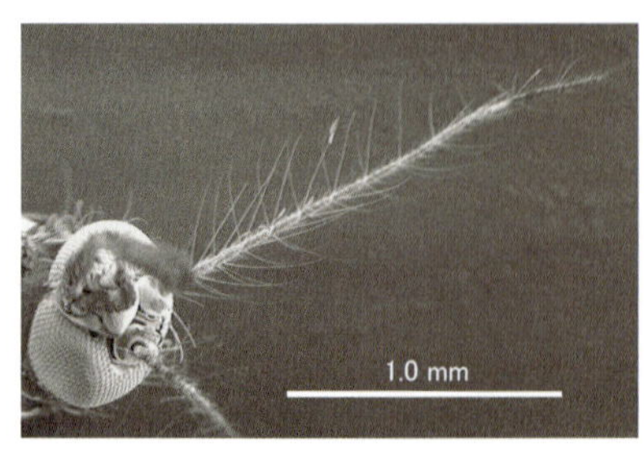

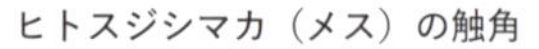
ヒトスジシマカ（メス）の触角

クモの巣

特定の方向の音を拾ってくれる指向性マイクへ

クモやカの優れた感知能力は、マイクの新技術にヒントを与えた。バイオミメティクスの話をする前に、マイクとその指向性について簡単に説明しておこう。

マイクとは、空気で運ばれてきた音の波を、電気信号に変える電子部品である。電話の送話口にはマイクが内蔵されており、そのため遠く離れた人々と会話をすることができる。最近では、音声入力など声のテキスト化機能も普及し始め、マイクの応用が広がっている。

そのマイクにも、無指向性マイクや指向性マイクといった種類がある。360度どの方向からでも同様に音を拾ってくれるのが無指向性マイクであり、会議室などで一つのマイクを複数人で囲んで話すような場面で使用される。一方、関係のない周辺の音を除去しつつ、たとえばマイク前方など特定の方向からの音をよく拾ってくれるのが指向性マイクである。歌手のレコーディングやスピーチなど、限られた人の声を拾いたいような場面で使用される。

そのような音を感知する技術に応用されたのが、先ほど紹介したクモやカである。カナダの電子部品メーカーであるSoundskritは、カの触角やクモの糸の優れた音検知システムを参考に指向性マイクを開発した。

開発のために、体長約3mmのクモ（コガネグモ科ニワオニ

グモ *Araneus diadematus*）から採取した直径 500 nm の糸を実際に使って、スピーカーから発生した音に対する振動を調べる実験が行われたというからおもしろい。実験の結果、クモの細い糸は 10 Hz 以下から 10 kHz 以上まで広い範囲の振動（空気の流れ）を感知できることが明らかとなった。

カの触角やクモの糸を参考にしたセンサーは空気の動きに対してより敏感であり、音や振動の発生源の方向を検出することに長けている。膜のような振動板を使用したマイクでは音を拾う方向が広くなるため、周りの関係ない音も混ざってしまう。しかし、糸（毛）による検出を採用することで、音を拾う範囲を狭め、より正確に空気の振動や方向を検知することを達成しているのである。空気の振動、音、生物の感知、それぞれの関係を上手く使ったバイオミメティクスである。

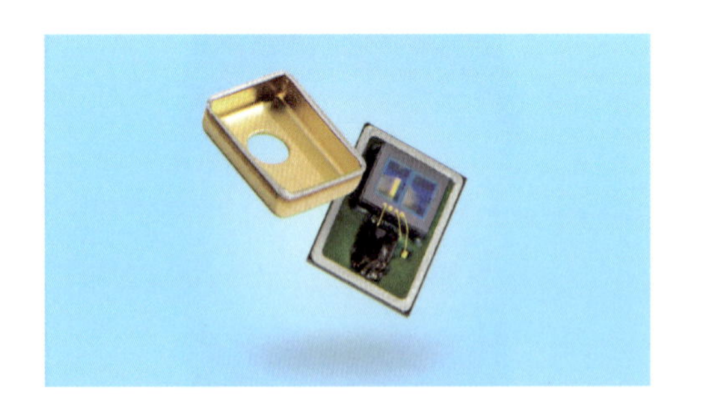

Soundskrit が開発した小型マイク（提供：Soundskrit）

先入観が邪魔をする ?!

カの触角が特定の周波数の音に反応するというのは知っていたので、音に関するバイオミメティクスのアイデアとして今まで何度か人に話してきた。多くの場合、その話を始めた段階では「(え、そんなん本当に技術になるの…？)」という微妙な空気感が漂う。しかし、実際に技術になっているところまで話せば納得され、同時に驚かれることが多い。

生物は技術の参考にならないという（無意識な）先入観がもしかしたら邪魔するのかもしれないが、生物とモノづくり、その間の障壁や分野の隔たりをこの事例ではよく感じる。バイオミメティクスは技術化するまで応用をイメージしづらいので、技術にした者勝ち、ともいえるだろう。

センザンコウのウロコを参考にした医療用ロボット

硬いけど柔軟な構造

硬いウロコに覆われているセンザンコウ

センザンコウという生物をご存知だろうか？ほぼ全身を鎧のようなウロコで覆われた哺乳類で、鱗甲目というグループに属し、系統的にはイヌやネコに近い動物である。日本には生息しておらず、インドや中国、アフリカの森林やサバンナに計８種類が生息している。センザンコウは危険を感じると体を丸め、硬いウロコによって敵の攻撃から身を守る。ウロコをもち、体を丸めて身を守る生き物としてアルマジロもよく知られているが、アルマジロは被甲目という別のグループに属し、系統的にはアリクイやナマケモノに近い。

センザンコウ
（マレーシア・サラワク州　提供：西川完途）

センザンコウは古くから漢方薬や食用として利用され、絶滅危惧種に指定された今でもそのウロコや皮を目的とした密猟や違法取引が国際的に問題になっている生物でもある。

硬いウロコをもっていながら動きやすい構造が小型ロボットに

近年の医療においては、様々な場面で医療用ロボットが活躍している。そして小型医療用ロボットでは、「体内に入れて発熱する」という機能が注目されている。体内のピンポイントな位置で発熱する機能によって、出血の緩和や、特定の場所への薬剤運搬、腫瘍の破壊など、医療の幅を広げるとして期待されている。

その発熱方法として、人体への安全性が高い「磁気」を利用した方法があるが、効率的に磁気で発熱させるには本体を金属材料で作成する必要がある。しかし、単純に硬い素材で一枚の板のような形状にすると、移動しにくいことで体内を傷つけてしまう可能性もあり、柔らかい素材よりも安全性に難があるという問題が生じてしまう。

そこで、センザンコウのウロコの仕組みを参考にした「硬く、かつ柔軟な構造のロボット」が生まれた。その医療用小型ロボットは1 cm × 2 cm ×厚み数 mm 程度の小さなもので、弱い磁気によって丸まる動作とまっすぐになる動作を繰り返すことで、イモムシのように移動することができる。

ポイントは、センザンコウのウロコは硬いが比較的自由に体を曲げることができる点である。そして、丸くなれるのは各ウロコが独立して皮膚についているからである。ウロコ状構造を小型ロボットにもたせることで、胃や腸内部の狭い場所でも運動性を損なうことはない。

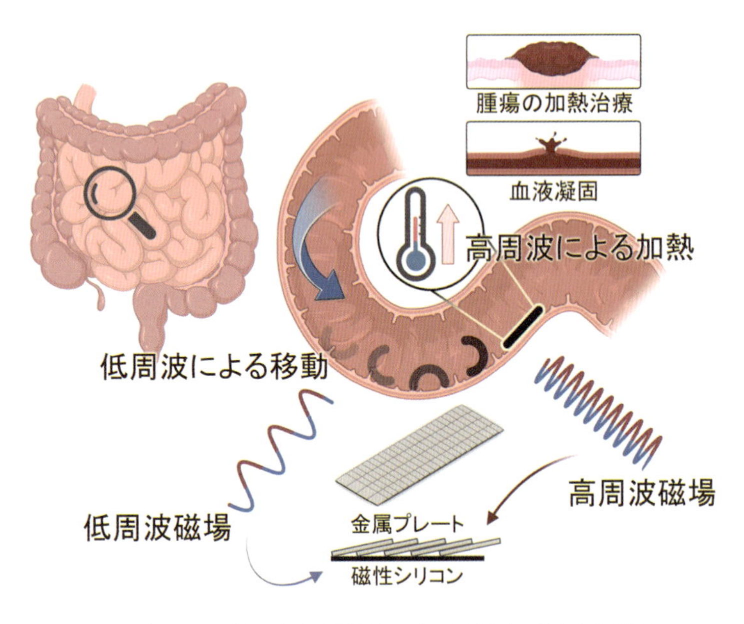

センザンコウに着想を得た小型医療ロボットが腸内で移動する仕組み
（Ren Hao Soon *et al*., 2023）

ところで、「ウロコをもつ生物というとワニやトカゲといった爬虫類もいるのに、なぜセンザンコウ？」と思った人もいるだろう。そこにもちゃんと理由があった。

ワニやトカゲはウロコが重ならない構造だが、センザンコウのようにウロコ同士の重なる面積が大きいことがポイントとなる。ウロコ一つ一つの重なりを大きくすることは、熱を失わないために表面積の増加をできるだけ抑えつつ、磁気によって発熱できる部分の体積を増やすことに適している。

多くのバイオミメティクス開発の論文では、参考にした生物の名前を冒頭で少し述べるだけのものが多いが（全然悪くはないが)、この小型医療用ロボットの事例ではウロコの重なり方など生物の形態を細かく調査した上で最終的にセンザンコウが選ばれた過程まで書かれていて、とてもおもしろい。

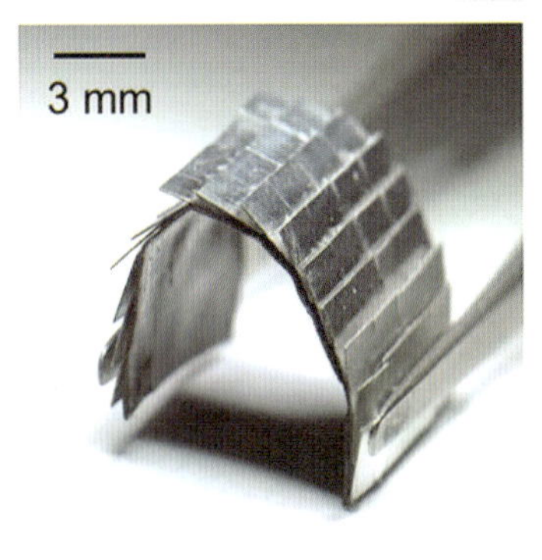

センザンコウを参考に開発された、金属製の磁気発熱医療用ロボット。ウロコの重なり方をヒントにすることで、硬い素材であるが柔軟に動くことができる。(Ren Hao Soon *et al.*, 2023)

高性能なアリによるロボットとアルゴリズム

生物界のスーパーマン！

とても身近な生き物だけど、実は高性能なアリ

その辺の地面でもよく見かけるアリ。子どものときに、触ったり隊列を足で止めてみたりしたことがある人もいるだろう。もしくは、家の中に小さいアリが入ってきて嫌な思いをした人もいるかもしれない。そんなアリは、実は結構おもしろい仕組みをもっている生物であり、バイオミメティクスの分野でも注目されている。

アリは、集団をつくり、役割に応じた働きをして生活している「社会性昆虫」である。集団の中に１匹だけ存在し、卵を産む役割を果たす「女王アリ」、動物の死骸など巣の外にある食料を巣に持ち帰り、巣の中で卵や幼虫を育てる「働きアリ」というように役割分担をしながら集団生活を営んでいる。そのような身近な生物の一つでもあるアリだが、その生態や社会性についてはまだまだ不明な点もあり、研究が続けられている。

アリにとっては、効率的に食べ物を探したり運んだりする仕組みが集団で生きていくために重要である。そこで、食料と巣をむすぶ短い経路の選択や、複数匹で協力して物を運ぶという特徴的な行動をとる。大人気ゲームに登場する「ピクミン」の行動がそれに近いだろう。そのような行動は他の生物ではなかなか見られない特徴である。

さらには、ベテランのアリは自分だけで探したほうが早くエサに辿り着くのに、時間がかかっても若いアリと同行してエサの探し方を教える、というまるで良い上司のような驚くべき行動をしている可能性もあるという。

他にも、砂漠に生息するアリの一種（*Cataglyphis fortis*）は、巣から100mというアリにとって長距離を離れても嗅覚によって巣に戻ることができる、優れたナビゲーションの仕組みをもっているといわれている。

アリの運搬行動を搭載したアリ型ロボット

集団で生活しているからこそ特徴的な生態をもつアリをヒントに、様々なバイオミメティクスが提案されている。

ドイツのFesto社が開発した『BionicANTs』という小型ロボットがその一つだ。アリの形をしたスタイリッシュなアリ型ロボットだが、実はその「形」だけでなく、集団としての「協調行動」までも本物のアリを参考に作られている。たとえば、運搬作業を分担したり、1匹では運べないものを協力して運んだりすることができる。

クロオオアリ

BionicANTs（提供：Festo Ltd.）

アリの運搬行動をもとにした計算手法

さらには、アリが行う経路の選び方を参考に、蟻コロニー最適化（Ant Colony Optimization, ACO）というアルゴリズム（計算手法）も開発された。なお、コロニーは「集団」を意味する。

アリは食料と巣を行き来する道にフェロモンを残すことで、仲間のアリにその道筋が伝わるのだが、道に残るフェロモンの濃淡によって運搬経路が最適化されていく、という仕組みを参考に開発されたのが蟻コロニー最適化という計算手法である。

フェロモンは時間が経つと蒸発して薄くなっていくというのがポイントである。食料まで遠く経路が長いほどフェロモンは蒸発しやすいので薄くなり、反対に経路が短ければ早くフェロモンが補強され続けるためフェロモン濃度は高いまま保たれる。よりフェロモンが濃く残る道をそれぞれのアリが選択することで、食料と巣をむすぶ近い経路が決定されていく、という仕組みである。

最適な経路を決定することに用いられるこの ACO という計

算方法は、農産物の物流や避難経路計画に利用されている。できるだけ農産物を傷めないように、できるだけ早く避難できるように、最適な経路を決める計算に使用できるのである。

これらの応用事例は、生物の「形」ではなく、運搬という「行動」もしくは「システム」を参考にしている点が、バイオミメティクスとしても特徴的である。

世界ではアリは１～２万種が知られており、日本には数百種がいるとされている。そして生息環境も様々で、砂漠に生息する種もいれば森に生息する種もいる。それぞれの生息環境により生態や能力が異なるとすれば、アリという生物グループだけでも今後バイオミメティクスに活用されるアイデアが数多く生まれる可能性を秘めている。

ウツボカズラは虫をツルっと滑らせる

よくできた仕組みすぎてちょっと怖い…!

ウツボカズラのフチはワナ!?

「食虫植物」と聞いて想像する生物は何だろうか?

ハエトリグサやモウセンゴケも有名だが、私はウツボカズラがまず思い浮かぶ。と同時に、あのポケモンたちも思いだされる(私は赤・緑世代です)。

食虫植物であるウツボカズラの特徴は、なんといってもそのツボ型状の「**捕虫器**」だろう。ウツボカズラ属の中には、ネペンテス・ラジャ(*Nepenthes rajah*)のようにネズミなどの小動物を捕らえられるほど大きな捕虫器をもつ種もいるが、多くはアリといった小さな虫を捕らえる。多くのウツボカズラは、捕虫器に落ちた生物を内部にためている消化液で溶かして栄養分としている。そのため、捕虫器の中に入った生物が外に逃げないように、また、フチに乗った生物を内側に落とすように、フチの表面はツルツル滑る仕組みになっている。

くるっと丸まったような捕虫器のフチは「ペリストーム」という。ペリストームの表面が滑るのは、筋状の凹凸構造に薄い水の膜がコーティングされるからである。虫は、脚先とウツボカズラ表面の間に水の膜を挟むことになり、壁面に足を引っかけることができず、滑って落ちてしまう。

この仕組みは、車が濡れた路面を高速で走ったときにタイヤと路面の間に水の膜ができ、路面から離れてしまうことでスリップする「ハイドロプレーニング現象」と同じである。

ウツボカズラの捕虫器（@京都府立植物園）と、捕虫器ペリストームの微細表面構造

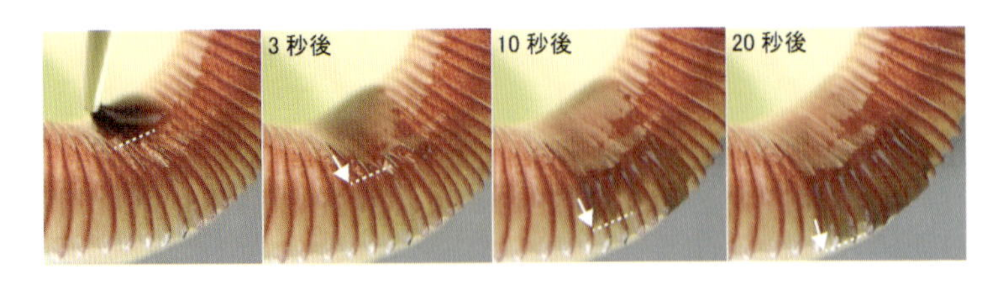

ペリストーム上に水を垂らすと、外側に向かって膜状に広がる。

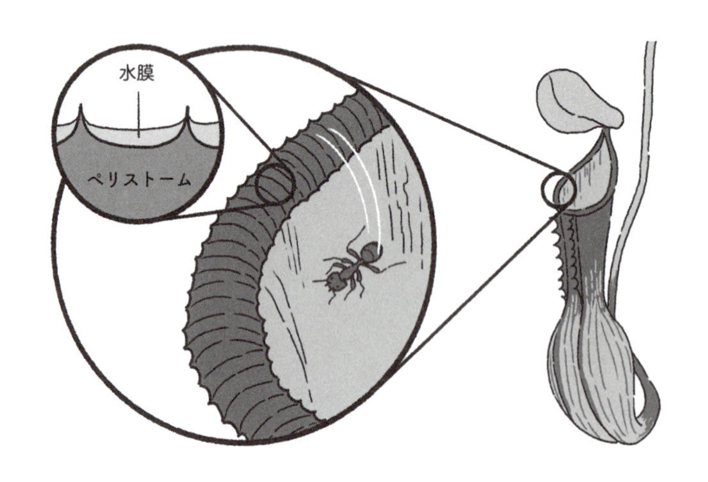

滑らせて汚れない技術

ウツボカズラの薄い膜によって虫を滑らせる仕組みに着想を得て開発されたコーティング剤がある。花王株式会社が研究開発しているそのコーティング剤は、植物などから得られるナノサイズの繊維であるセルロースナノファイバー（CNF）と潤滑油を組み合わせて作られている。CNF が潤滑油を保持することで、長期間にわたって汚れが滑り落ちやすい性質を保つことができるそうだ。

太陽光パネルにコーティングすることで鳥のフンの付着を抑えて発電効率を保つことや、雪を滑り落ちやすくするなどの利用効果が期待されている。また、型枠にコーティングすることで硬化した樹脂を型からはずしやすくなり、型枠に樹脂が残らない、という結果も示されている。

様々なものに汚れをつきにくくするコーティングを施すことで、清掃やメンテナンスといった労力の削減になるだろう。

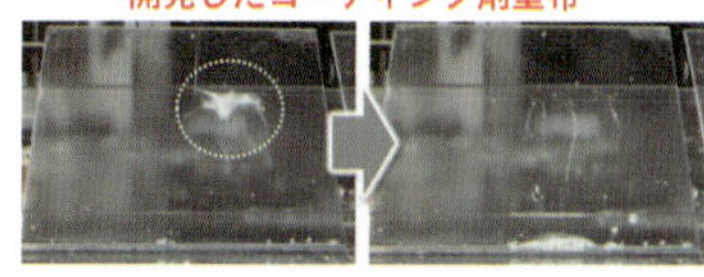

ウツボカズラを参考に開発されたコーティング剤『ルナフロー』（下）と、アドベンチャーワールドでの検証実験の様子（上）。コーティングによってインコのフンが滑り落ち、付着しにくくなっている。
（提供：花王株式会社）

ちなみに、東南アジアのボルネオ島にはウツボカズラ（*Nepenthes bicalcarata*）と共生するアリ（*Camponotus schmitzi*）がおり、そのアリはウツボカズラの捕虫器の内側の壁を歩くことができる。また、ウツボカズラ（*Nepenthes gracilis*）の捕虫器に隠れて獲物を狩る習性をもつカニグモの一種（*Thomisus nepenthiphilus*）も、捕虫器内部を移動できる脚をもつ。生物ってほんとうにすごい…！！

A：ウツボカズラ（*N. bicalcarata*）と、B：その内壁を歩くアリ（*C. schmitzi*）（Mathias Scharmann *et al*., 2013）

新鮮な野菜と果物を届けるための貯蔵技術

バイオミメティクスは食生活も支えることができる

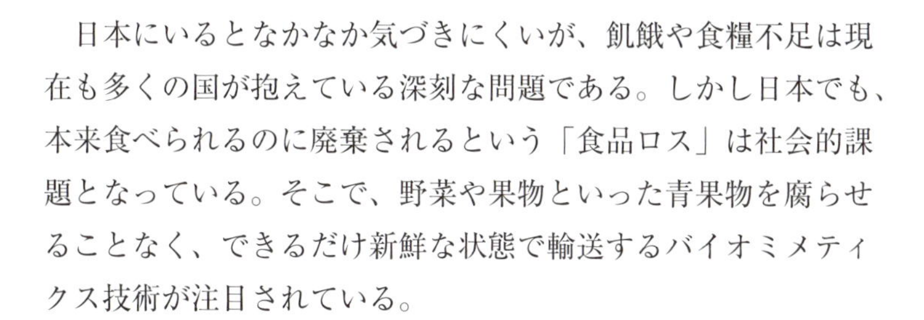

日本にいるとなかなか気づきにくいが、飢餓や食糧不足は現在も多くの国が抱えている深刻な問題である。しかし日本でも、本来食べられるのに廃棄されるという「食品ロス」は社会的課題となっている。そこで、野菜や果物といった青果物を腐らせることなく、できるだけ新鮮な状態で輸送するバイオミメティクス技術が注目されている。

熟成が早いと腐りやすい

私は果物が大好きだ。もちろん果物は食べ頃に食べたい。未熟なのも嫌だし、熟しすぎて変色したものも食べたくはない。

生産者は輸送にかかる時間を考慮して、消費者のもとに青果物が届くときに食べ頃を迎えるよう調整して出荷している。しかし、何らかの事情で輸送中に熟成が進みすぎると、食べる前に腐り始めてしまう可能性もある。また、熟成のスピードは種によって異なるが、収穫後早く熟成するものは遠くの地に運ぶことが難しいという課題もある。そこで、収穫後の熟成を遅くすることができれば、輸送中に腐るものが減ったり、より遠くまで運ぶことができるのではないか、というのが今回のバイオミメティクスである。

感受性に差はあれど、果物や野菜は空気中の化学物質に反応して熟成を早めたり、反対に遅らせたりする仕組みをもっている。リンゴをバナナと一緒に保存すると早く熟成する、野菜とリンゴを一緒に保存すると野菜がくさりやすくなるから一緒にしない、といったライフハックを聞いたことはないだろうか。リンゴから出るエチレンガスが有名な例で、青果物の熟成を進める効果がある。そして、熟成が進むと皮などが柔らかくなるのは、細胞を囲み支える細胞壁が酵素によって分解されるためである。細胞壁はカビなどの侵入を防ぐ役割もあるので、細胞壁が壊れると果実内部も腐敗が進んでいく。言い換えれば、熟成を促す物質の放出や細胞壁を分解する酵素の発生を抑えることができれば、食べられる状態をより長く保つことができるともいえる。青果物の種類によって代謝のメカニズムが異なるので、主に農学分野や植物生理学*分野で熟成や腐敗に着目した研究が行われている。

包装材の開発で新鮮さを長持ち！

青果物が周囲の化学物質に反応する仕組みを参考に、輸送中の青果物を新鮮な状態に保つためのバイオミメティクス技術が開発されている。

＊植物生理学　光合成や呼吸、成長、遺伝、環境への応答など、植物の生理機能を研究する学問。

インドの企業であるGreenPod Labsは、食品廃棄物を減らすことに取り組んでいる。この企業は、果物や野菜が反応する化学成分を分析し、それらをベースにした揮発性物質*を詰めたサチェット（小袋）を開発した。そのサチェットを青果物と一緒に保管・輸送することで、「植物が元々もっている防御機能」を活性化し、青果物の熟成を遅らせたり、微生物の増加を抑制したりすることができる。植物の生理学的な反応を参考に防御機能を人工的に引き起こすことが、バイオミメティクスである。

【YouTube動画】

GreenPod Labsが研究開発している『GreenPod Labs Sachets』。サチェットを加えなかったマンゴー果実でみられる変色が、加えた果実ではみられない。（提供：GreenPod Labs）

＊揮発性物質　常温でも気化（蒸発）しやすい物質。

この技術は、冷蔵便が普及していない地域や、冷蔵倉庫など特別な設備を利用できない地域、気温が高い地域において、鮮度を保った状態で食料を配送できるようになるとして期待されている。品質を維持できる期間が長くなることで、輸送中に廃棄になる食料を減らすだけでなく、長距離輸送や賞味期限の延長といったメリットにもつながる。

日本では、食料保管の設備は整備されており、食料の品質も世界的に高い方だと思うが、運送を担うドライバーの不足や長時間労働が近年課題となっている。このような技術は、食料配送に携わる人の負担を減らす、良い解決策となるかもしれない。

ロータス効果の新たな利用は建築で！

オシャレなコンクリートだ…！

池や沼で丸い大きな葉をつけた植物「ハス（蓮）」を見たことはないだろうか。地下茎はレンコンとして知られており農業用池で栽培されるだけでなく、夏頃にはピンクや白の大きく綺麗な花を咲かすことから観賞用として植物園などでも植えられている。「蓮華（れんげ）」という言葉があるように仏教とも深いつながりがあり、お寺でもよく育てられている。

ハスの葉は水をはじく、「ロータス効果」

ハスの葉を近くで観察してみるとよくわかるが、池や沼など水の流れがかなり弱い水辺で泥をかぶりやすい環境に生えているにもかかわらず、葉の上は汚れておらずきれいな状態を保っている。これは、ハスの葉の表面に水をはじく「はっ水性」があるためだ。そして、ハスの葉がもつはっ水性は「ロータス効果」と呼ばれ、モノづくりへの応用が多方面で試みられている。なお、“ロータス”はハスの英語名 Lotus からきている。

ハスの葉はどのように水をはじき、「ロータス効果」を発揮しているのか。ハスの葉表面には、約 5 μm のとても小さな突起物が 10 ～ 15 μm 程度の間隔で無数に並んでいる。水滴はその突起物の上に乗る形となるが、突起物があるため葉の表面と水滴の間に挟まれた空気が逃げず、表面に水が触れないので水をはじいた状態になるという仕組みである。そして、この効果に着目したバイオミメティクス技術が多く開発されている。

ヨーグルトの容器のフタにハスの葉のロータス効果が応用されていることは、(バイオミメティクス界では) 有名である。ハスの葉が水をはじくのは、サメ肌と並んで頻繁に取り上げられるバイオミメティクスネタである。しかし、ロータス効果を使ったバイオミメティクスはこれだけにとどまらない。建築物の美観を向上させるためにも応用されているのである。

ハスが群生している池。大きな葉は直径80 cm を超える。

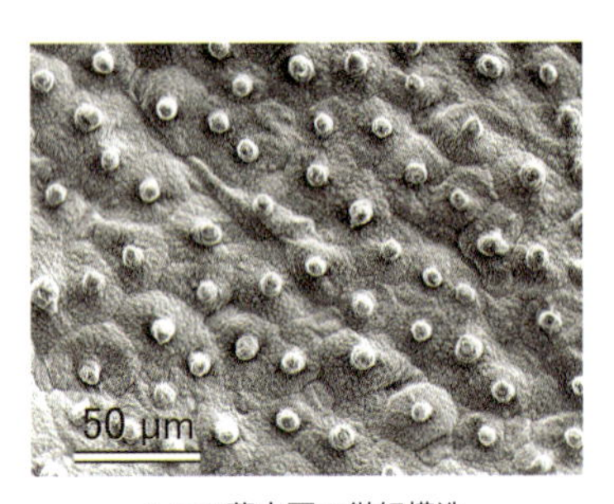

ハスの葉表面の微細構造

コンクリート表面の品質向上につながる

ロータス効果は、建築物の美観を向上させるためにどのように応用されているのか。

紹介するのは、清水建設株式会社と東洋アルミニウム株式会社が共同で開発した「アート型枠」と呼ばれる、コンクリート成形の技術である。具体的には、コンクリート表面をきれいに仕上げるために超はっ水効果をもたせた型枠である。
　コンクリートは型枠に流し込んで固めて成形される。しかし、一般的な型枠だと型枠表面に気泡が付着しやすく、固まったコンクリート表面に気泡あとが出てしまうことが課題であった。そこで参考にされたのが、ハスのロータス効果とその効果を生み出す葉の表面形状だ。
　型枠表面にハスと同様の微小な凹凸をつくることで、コンクリート内に含まれていた気泡が型枠表面に留まりにくくなり、コンクリートの外に出ていく仕組みとなっている。また、コンクリートに転写された微小な凹凸が光を乱反射することで、色むらを減らし、均一に明るい仕上がりになるとのこと。さらに、型枠にコンクリートが付着しにくい性質によって、成型したコンクリートを型枠からはずしやすくなるというメリットもある。この過程を「脱型」というが、脱型のしやすさは製造工程における人的労力を減らすことができ、また、型枠が使用できる回数の増加による資源の節約にもつながる。

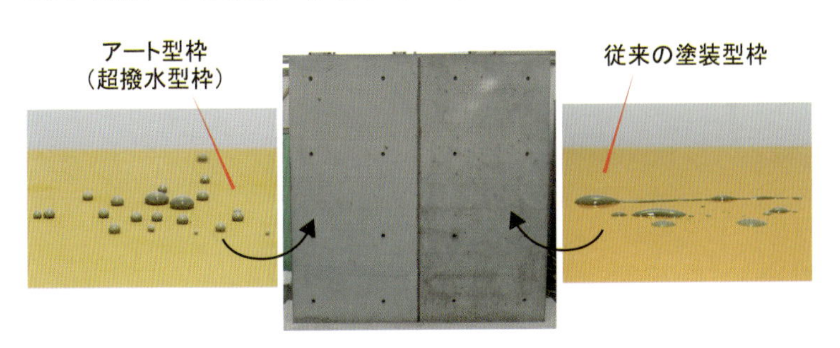

アート型枠と、成形されたコンクリート表面の比較（提供：清水建設株式会社）

そして、「アート」と名づけられているのは、コンクリートに模様をきれいに写し出すことができるからである。たとえば、杉板を型枠に用いれば、コンクリート表面に杉の木目模様がきれいに形づくられる。アート型枠は、「バイオミメティクス技術を活用した超撥水型枠」として「2024年日本建築学会賞（技術）」を獲得している。この結果は、建築分野でのバイオミメティクス研究を後押しすることになるだろう。

ハスの葉がもつロータス効果はすでに有名なバイオミメティクス技術だが、異なる業界や技術分野での利用を検討することによって、まだまだ応用の可能性が広がることを示すとても良い例である。

杉板の型枠で成型されたコンクリート
（提供：清水建設株式会社）

ホテル祇園一琳
（提供：清水建設株式会社）

快適な移動はフナクイムシのおかげ

だから漂流木は穴だらけなのか…

本書は比較的新しいバイオミメティクス事例を紹介することをテーマとしている。その理由の一つは、バイオミメティクスを取り上げた記事が定期的にネットや新聞で掲載されるが、同じような事例が毎回載っているように感じているからである。一見進歩していないように感じられるのが嫌だから、という理由もある。

しかし、新しいバイオミメティクスだけでなく、最も古いといわれる事例も知られていないのではと思い、フナクイムシを取り上げることとした。バイオミメティクスの始まりともいえる、おもしろい発想を改めてここで紹介したい。

虫ではないフナクイムシという貝

海辺に穴だらけの流木が打ちあがっているのを見たことがないだろうか？また、ペットショップなどで売られているアクアリウム用の流木にも、たくさんの穴が開いているものがある。その穴を開けた犯人が「フナクイムシ」である。

名前にムシと入っているが、実は貝の仲間である。漢字で書くと「船喰虫」、英語でも「Shipworm」であり、木製の船に穴を開けてしまうことから迷惑がられた歴史をもつ生物である。見た目は少しグロテスクで一見貝に見えないが、片方の先端に２枚の貝殻がついている二枚貝である。フナクイムシは、体内の酵素によって木材の主成分であるセルロースを消化でき、２枚の貝殻を上手く使って木材中を食い進んでいくという特徴的な生態をもっている。

フナクイムシは木材中に穴を開けながら進んでいくけれども、木は水に濡れると膨張する。フナクイムシが何も対策していなければ、湿った木材は穴をふさぐように膨らみ、穴の中にいるフナクイムシは潰れてしまうかもしれない。しかし、そうならない仕組みをフナクイムシはもっている。フナクイムシは、掘り進んだ穴の壁面に石灰質成分を自ら分泌して固めていくことで、湿った木材の膨張を食い止めて自分の身を守っている。

海辺に打ちあげられたばかりの木材にはフナクイムシがいるかもしれないので、ぜひ機会があれば実際に見てみてほしい。

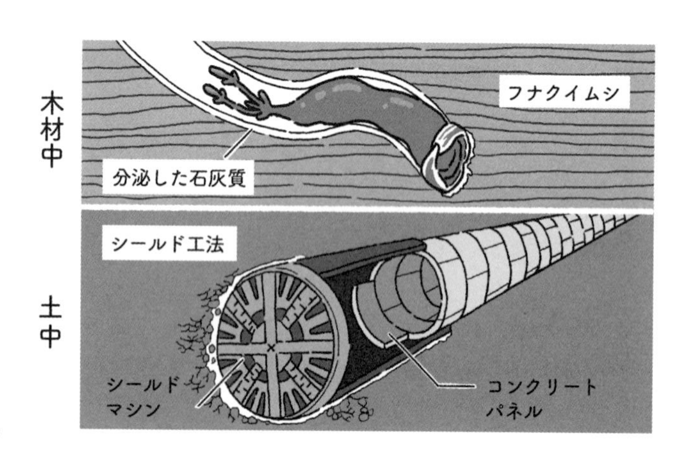

フナクイムシはトンネル作りの達人

フナクイムシの生態から生まれたバイオミメティクスは、現在人間の生活に欠かせないものに活用されている。トンネル工事の代表的な方法の一つ、「シールド工法」である。

M.I. ブルネルは、湿った木材中でトンネル状の穴を掘るフナクイムシの生態を観察したことからシールド工法を開発し、1820 年代から 1840 年代にかけてイギリスのテムズ川で世界初の水中トンネルを建設した。シールド工法は、最古のバイオミメティクスの一つだといわれている。

現状のシールド工法では、シールドマシンという機械で土中を削って掘り進めながら、壁面にコンクリートパネルを組み立てていく。日本では本州と九州を結ぶ関門海峡の海底トンネル掘削で初めて採用された。その後シールド工法は、陸上の一般的なトンネルや下水道、地下鉄のトンネルの掘削などでも幅広く使われている。

フナクイムシがいなければ、もしくはブルネル氏がフナクイムシの生態に気づかなければ、もしかするとトンネルの発展と普及はもっと遅れていたかもしれない。山が多い日本は、知らず知らずのうちにフナクイムシの恩恵にあずかってきたに違いない。現在の快適な交通網や優れた物流の発達があるのは、フナクイムシという生物がヒントを与えてくれたおかげ、というのは知っておいてもよいだろう。

生物で発展する家電技術

新しいバイオミメティクス『ネイチャープロダクト』

シャープ株式会社は、バイオミメティクスによる製品開発を積極的に行う、稀有な企業だ（誉め言葉）。2000年代から家電を中心に様々なバイオミメティクス製品を発表し、注目を集めている。多くの製品を生み出した企業だからこそ、ここでは製品だけでなく企業内で生物を開発の参考にする取り組みにも注目したい。

生物から学ぶバイオミメティクス、「ネイチャーテクノロジー」

シャープは、100年以上の歴史がある電気機器メーカーであり、テレビ・冷蔵庫・洗濯機といった家電から、スマートフォンやエネルギーシステムまでとても幅広く製品開発を手がけている。1990年頃から約20年間CMなどで使われていた「目の付けどころがシャープでしょ。」というキャッチコピーが印象に残っている読者も多いのではないだろうか。そして、ネイチャーテクノロジーを掲げて、自然（生物）から学んだ製品開発を開始している。「ネイチャーテクノロジー」を商標登録していることからも、生物から学ぶことに向き合う真剣さがうかがえる。

バイオミメティクス開発の歴史も長く、2008年に鳥の翼形状を応用したエアコン室外機のファンを開発したことに始まり、2023年でなんと15周年を迎えた。ホッキョクグマの毛を応用した冷蔵庫内のLEDランプカバーや、イカのヒレを応用した靴用洗濯乾燥機ブラシ、さらには、ヒマワリの種の配列を応用したドラム式洗濯乾燥機の扉…などなど、発想が本当におもしろい製品をコンスタントに開発している。これまでに開発した製品は15以上になるというから、すごい！の一言に尽きる。

イカのヒレを応用した
靴用洗濯乾燥機ブラシ

ヒマワリの種の配列を応用した
ドラム式洗濯乾燥機「ひまわりガラス」

フクロウから学んだネイチャープロダクト『はねやすめ』

バイオミメティクス開発において歴史のあるシャープだが、生物の動きに着目した新たな技術開発に取り組んでいる。それが「ネイチャープロダクト」である。
2023年10月に幕張メッセで開催されたデジタルイノベーションの総合展「CEATEC2023」で、シャープは新しいバイオミメティクスの取り組みを公開した。これまでに開発されたバイオミメティクス製品が並ぶ横で、丸く可愛らしいフクロウ(?)が大きな羽を広げ羽ばたいていた。フクロウの羽ばたく動きを参考にして開発されたヒーリングファン『はねやすめ』である。
羽根の部分が大きく動いてはいるが、本当に風が生まれているのか疑問に感じるほどゆったり動いているように見えた。しかし、製品の正面に立つと、柔らかい風をしっかり感じることができた。ほぼ一定に風を送り続ける扇風機とは印象が確かに異なり、ゆったりとしており、心落ち着くような風であった。風の流れだけでそこまで印象が変わるのは正直驚きであった。『はねやすめ』は「新たに生物の“動き”にも着目した運動模倣技術ネイチャープロダクトとして初の開発モデル」とのことなので、生物の動きを応用したどんなモノが今後でてくるのか、とても楽しみである。

シャープに限らず、これまでのバイオミメティクス製品は、生物の形や構造を参考にした技術が多い印象である。しかし、動きや行動も生物の進化によって効率的になっていても良いはずである。生物の動きからヒントを得ることができれば、参考にする生物もそれを活かす活用先も、大きく広がるだろう。

蓄積される情報とノウハウ

バイオミメティクスでは「偶然による生物の発見」からの技術開発が多いのが現状だが、偶然に頼るその方法では連続して新しい技術を生み出すことはできない。

シャープはどのようにその問題を乗り越えて多くのバイオミメティクス製品を生み出してきたのか。

シャープも、バイオミメティクス製品を生み出した最初のきっかけは偶然だったようだが、それで終わらず、冷蔵庫×ホタテ、掃除機×ネコ、洗濯機×マンタなど、様々な生物の特徴を組み合わせて多くのバイオミメティクス製品を世に出してきた。まずそこには、誰もやっていない技術やおもしろい機能をもつ生物への強い好奇心が感じられる。

八尾事業所にあるネイチャーテクノロジーのショールームを見学させて頂いたときにシャープの開発担当者とお話しして感じたのは、社内でバイオミメティクスがよく周知され、専門チームと製品開発チームとで協力体制（役割分担）が上手く構築されている、ということである。

これは私の研究目標である「偶然の発見に頼ることから脱却し、欲しいときにアイデアを得られるようにする」という状態に近いのだが、実際にビジネスとして組織的に取り組むには、生物の知識や技術力だけでなく、チームワークの構築や開発ノウハウの蓄積もとても大事なのだと実感した。

シャープのような大きなケーススタディ（成功例）が他の企

業でバイオミメティクスを促進していくロールモデルとなるかもしれない。

今後も生まれるであろうおもしろいバイオミメティクス製品に期待大である。

従来排水フィルター

格子形状で、隙間が大きいので糸くずが絡みやすい。

マンタのエラ形状応用
「するポイフィルター」

互いに重なる翼形状で、従来の格子形状とは全く異なるカタチになっている。

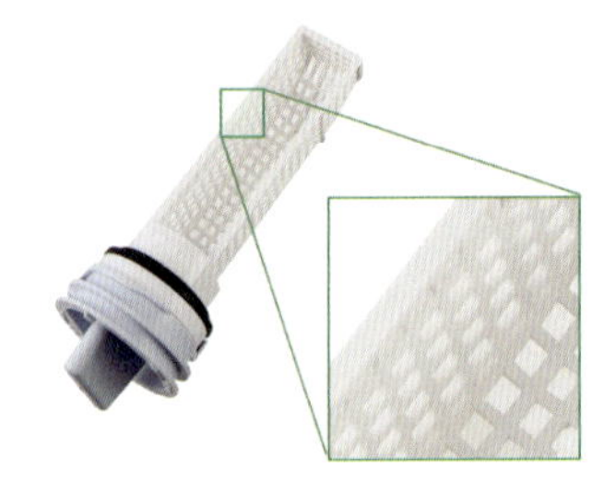

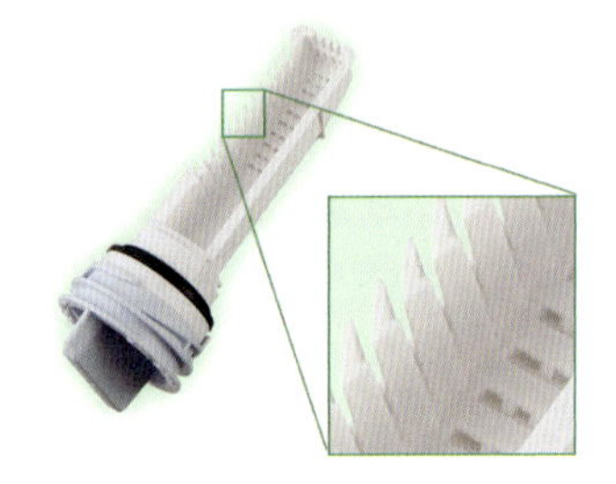

マンタのエラ構造を応用した、洗濯乾燥機の排水フィルター
（提供：シャープ株式会社）

ネイチャーテクノロジー紹介展示
@八尾事業所 AIoT ショールーム
※一般非公開

フクロウの羽ばたきを参考にした
ネイチャープロダクト『はねやすめ』

第2章

バイオミメティクスを見つけよう

BIOMIMETICS

インターネットなどで「バイオミメティクス」と検索すれば、生物を参考にして開発された製品がヒットするだろう。だが、私がバイオミメティクスのおもしろさを最も感じるのは、実はそのような製品を見ているときではなく、バイオミメティクスにつながりそうな"生物の特徴"に気づいた瞬間である。その瞬間、まるでアハ体験のように「なんで気づかなかったのか…！」ととてもワクワクする。ただ同時に、その生物についてほとんど知らないことにも気づき、もっと調べてみたくなることがしばしば。

この章では、ぜひバイオミメティクスの"ひらめき"を自分で感じてほしい。そのために、あなた自身がバイオミメティクス（のネタ）を見つけるための手順などを書いてみようと思う。生物からアイデアを探すのは自由研究や授業などでもできるので、ぜひ楽しみながら試してほしい。

生物のどこを見ればよいのか

“生物の特徴”とさきほどは少し曖昧に書いたが、“生物の形”としなかったのには理由がある。バイオミメティクスの説明として「生物の形を参考にした技術」と書かれるのはよく見るし、私自身もかなり簡潔に話したい場面ではそのような表現を使う。

しかし、バイオミメティクスが参考にするものとしては、外から見ることのできる形だけでなく、内部構造や物質、模様、行動、社会性、他種間の相互関係など、生物に関するありとあらゆるものが含まれる。そのネタとなる生物学の情報は英語で“Biological solution”などと表現されるので、日本語では「生物学的解決策」や「生物学的戦略」と表すのが本来ベストである。より広義にとらえると「生存戦略」ともいえるだろう。ただ、それらの言葉だとイメージしにくい人もいると思うので、よりシンプルに、「生物の特徴」を使うこととする。

「生物の形を参考にした技術」とよく書かれるのは、おそらく、形から生まれたバイオミメティクスが一般的にわかりやすかったり、開発の過程がイメージしやすかったりと、身近に感じやすいのが理由だと思っている。

もちろん生物の形からもバイオミメティクスは生まれるが、それだけではないので、いろいろな視点で生物を考えて、できるなら実際に観察するのが良い。たとえば、ミミズはなぜ汚れないのか、チョウはどうやって花の蜜を吸っているのか、コウモリはどうやって超音波を発しているのか、ハチはどうやって巣を作るのか、コバンザメはどうやってひっついているのかなど、疑問や知らないことはかぎりなくひねりだせる。

個人的には、好奇心旺盛だった子どもになった気分で難しいことは考えず、素朴な疑問を思い浮かべるのがオススメである。

なぜ生物がヒントになるのか

バイオミメティクスを発想する前に、そもそもなぜ生物の特徴が技術開発のヒントになるのかを考えてみたい。

生物は、地球上に誕生してから約38億年ものとてつもなく長い時間で、進化を繰り返してきた。その間、環境の変化や生存競争など、種としての生存を左右する多くの障壁があっただろう。生物がそのような困難を乗り越えてきた手段がまさに「進化」である。生物は、遺伝子変異による変化が繰り返されることによって、少ないエネルギーで効率よく生きる仕組みや、他の生物が生息しにくい環境でも生きることのできる独特な能力などを得てきた。

形態の変化に目的はないので、そのような生物の変化は、様々な部位が様々に変異するトライ＆エラーのような現象となる。そしてそれを長期間繰り返していることは、人間のモノづくりに当てはめると、膨大な検証と改善の積み重ねと捉えることができる。

一方人間のモノづくりでは、ある製品について改善する箇所をランダムに決めたり、全ての課題に取り組んだりすることは、費用や時間の都合で現実的ではない。しかし、生物では、人間が工学的に（もしくは技術的に）検証できていない部分についても変化の可能性が生まれ、人間が容易に創造できない特徴的な仕組みとなる。それら効率の良い仕組みや人間が辿り着きにくい仕組みが、バイオミメティクスとして応用される。
　まさに、生物は先駆者であり、人間よりも先に課題に直面したモデルだ。これを参考にしない手はない。なお、この「進化」ももちろん生物の仕組みであり、進化における偶然の要素に着想を得た計算手法である「遺伝的アルゴリズム」もバイオミメティクスである。

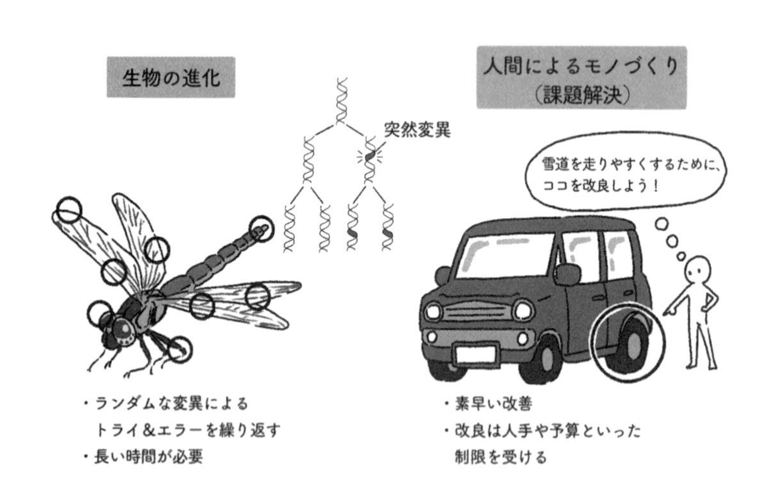

バイオミメティクスを考える方法は2つ

おそらく、この本を手に取った読者の中には、「アイデアが出せればおもしろそうだけど、どうやってアイデアを見つければ良いかわからない」「どうやってバイオミメティクスに取り組めばいいの？」と悩んでいる人もいるだろう。

確かに、これまでバイオミメティクスは“偶然による開発”のようなイメージをもたれてきた。課題を抱えた技術者が、解決のヒントになる生物を見て、たまたま「ハッ！これは使えるのでは⁉」と閃いた、という具合である。かっこよく言うとセレンディピティ*である。

もちろん、偶然による発見を否定するつもりは全くない。どのような道のりであれ、最終的に問題が解決できれば良いのだから。しかし、たとえば企業で働いているとして「○○という課題を解決したい。バイオミメティクスで良いアイデアないかな」と考えたときに、「偶然案が見つかるまで待機」は絶対にできないだろう。アイデアが降ってくるまで何もしないわけにはいかない。

そこで活躍するのが、まさに私の研究分野でもある**「バイオミメティクス・メソドロジー」**（手法の体系化）である。そこでは、解決のヒントになりそうな生物の情報を見つける過程を段

＊「偶然の産物」「幸運な偶然を手に入れること」を意味する。

階的に分けることで、少しでもよりスムーズにアイデア発想を促す方法などが研究されている。「ノウハウを作りあげるための根拠となる研究」「バイオミメティクスの取扱説明書の基になる研究」といえばわかりやすいだろうか。

これからご紹介する話では、バイオミメティクスによって課題を解決したいときに使える内容として、「実際にアイデアを発想したいけどどうすればよいかわからない！」という悩みを解決する方法にスポットをあてていく。

まず、バイオミメティクスを発想する２種類の方法について紹介しておきたい。**「課題解決型アプローチ」（Problem driven approach）**と**「解決策提案型アプローチ」（Solution based approach）**である。

課題解決型アプローチ
課題解決のヒントとなる生物を探す

解決策提案型アプローチ
生物から応用する技術を考える

課題解決型アプローチは、解決したい課題が決まっており、解決のヒントとなる生物を探す手法である。一方、解決策提案型アプローチは、注目している生物の特徴的な仕組みが決まっており、活用する技術や課題を考える手法である。例を挙げると、サメ肌のウロコを参考に開発された高速水着は、「速く泳げる水着を作るためにはどうしたらよいか」という具体的な課題があり、サメという生物からヒントを得て、水着の性能を改善した結果なので課題解決型アプローチになる。一方、ゴボウの実を参考に開発された面ファスナーは、ゴボウの実のひっかかりやすいフック構造から「その仕組みが簡単な着脱に使えるのではないか」という発想で誕生した技術なので、解決策提案型アプローチとなる。

モノづくり企業（で働く技術者）は、課題を決めて開発に取り組むことが多いので、バイオミメティクスに求めるのは課題解決型アプローチがメインになるだろう。具体的な製品の開発につながりやすいので、課題解決型アプローチのほうが一般的なバイオミメティクス開発手法として認識されているかもしれない。

では技術者しかバイオミメティクスを扱わないのか、というと当然そんなことはない。たとえば、生物学者は生物についてとても深い知識をもち、生物のとんでもない能力や効率化された仕組みに気づいているかもしれない。「この生物の能力、機械とかロボットとかにも活かせるんじゃないの？」などと思いつくのは不思議ではない。そこから始まるバイオミメティクスが“解決策提案型アプローチ”である。

解決策提案型アプローチは、参考とする生物や生物の能力が決まってからスタートするので、生物学者をはじめとする生物学関係者が発端になりやすい。応用先というニーズを後から探すことになるので、特に企業では取り組む効果がイメージしにくいかもしれないが、課題が決まっていない分、自由な発想で応用先を広くとらえやすいともいえる。課題解決型アプローチの場合はニーズのある応用先がすでに決まっているが、解決型提案型アプローチの場合はニーズに固執する必要がないのである。というのも、スマホが存在しないときに消費者から「スマホが欲しい」というニーズは生まれないのと同じように、想像していなかった新しい技術には明らかなニーズが見えにくい可能性がある（課題を解決する新しい仕組みが欲しい、というニーズは存在するだろうが…）。

また、オリジナリティも解決策提案型アプローチのほうが大きくなると考えている。課題解決型アプローチではすでに世にでている生物の情報やすでにバイオミメティクスとして活用されている事例からの探索となりやすい。だが、解決策提案型アプローチは生物の研究から始まるので、アイデアの大元から知的財産を取得することができ、市場で優位に立てる可能性がある。多くの人が恩恵を受けた「面ファスナー」を生み出したような、生物学からのひらめきも、技術の発展に貢献するということをここで強く明言しておく。

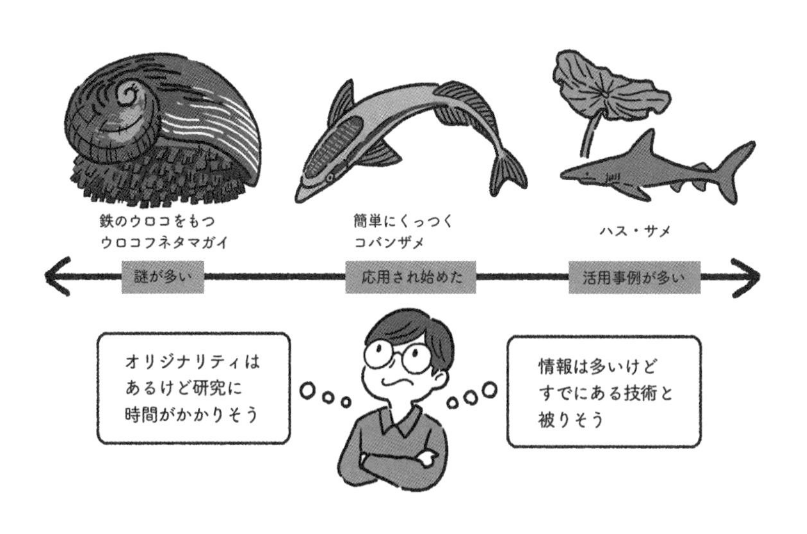
鉄のウロコをもつ
ウロコフネタマガイ
簡単にくっつく
コバンザメ
ハス・サメ
謎が多い
応用され始めた
活用事例が多い
オリジナリティは
あるけど研究に
時間がかかりそう
情報は多いけど
すでにある技術と
被りそう

アイデアを発見しよう

さて、ここからは具体的にバイオミメティクスとなる生物を探す方法について話していく。読み進めながら、ぜひ一緒に考えてみてほしい。

まず心構えから。これまで子どもから学生、そして大人を対象としたバイオミメティクスのワークショップを開催して感じているのは、子どものほうが生物の特徴に気づきやすいことである。子どもは「この生物はなんでこんなことができるの？」と、率直に生物の不思議を感じることができるように思う。その“不思議”や“スゴい”と感じる生物の特徴がバイオミメティクスになりやすいが、大人はなかなか思いつかない場合が多い。しかし、大人は大人で、より多くの生物や地球環境（生物の生息地など）を知っているかもしれないし、書籍などのツールを使ってより深く調べることもできる。

そのようなことを踏まえると、解決策提案型アプローチには発想力や好奇心が、課題解決型アプローチには情報収集能力が求められるのかもしれない。つまり、大人の読者は「（こんなアイデアありえへんやろ…）」と最初から諦めずに、先入観を捨てて童心に帰って、シンプルに考えるとよい。

実際の技術開発においてはアイデアの実施方法やコストなど

も当然考えないといけないが、本書では、講義やセミナーのワークとして使えるように「アイデアを発想すること」を第一の目標にする。ちなみにこれまでの経験では、技術開発の様子を具体的に知らない学生や子どもたちには、解決策提案型アプローチで生物を決めて考えるほうがスムーズに楽しんで進めることができるようだ。

1．解決策提案型アプローチ

生物からモノづくりに活かせそうなアイデアを見つけ、製品や技術に応用する解決策提案型アプローチは、次のような5つの手順で行われる。5つ目は実際にものを作る工程なので、ワークショップなどで行う場合は1～4で終わってもよい。

1．「スゴい！」と感じる生物や興味のある生物を決める
2．生物の能力を予想しよう（アイデアの発散）
3．生物の能力を発見しよう（アイデアの収束）
4．何に活かせるか考えてみよう（アイデアの発散）
5．応用しよう・作ろう（アイデアの収束）

1．「スゴい！」と感じる生物や興味のある生物を決める

後のことは一旦考えず、まずは好きな生物や気になる生物を決めよう。１～３にかけて生物のすごい能力や不思議な特徴を考え、後々それらを課題や技術につなげていく。

2．生物の能力を予想しよう（アイデアの発散）

選んだ生物について、優れた能力や特徴的な仕組みを探していく。まずは、その生物の“スゴい！”“不思議だ…”と感じることなどを思いつく限り挙げていこう。本当にその機能があるか、その機能はどういう仕組みなのか、については次の段階で確認するので気にしないように。コツとして次のような考え方がある。

- 不思議に感じること：コバンザメはどのようにひっついているのか
- その生物特有の形：コバンザメのコバン部分がないとコバンザメだとわからない
- 生息している環境特有の状況：砂漠はめっちゃ暑い、深海は水圧がすごく大きい
- 生息環境で生きていくために必要だと思われる機能：砂漠に生息する生物なら、暑さに対処するための機能があるだろう
- 人間に置き換えたらしんどいこと：セッケイカワゲラのように、氷の上を数十時間裸足で歩き続けるのはしんどい！　凍傷になりそう！

これらの視点を参考に、たとえば1で「マツボックリ」を選んだとして、マツボックリについて考えてみる。

- なぜかさが開いたマツボックリもあれば閉じているマツボックリもあるのか
- なぜ雨の日はマツボックリのかさが閉じているのか
- なぜマツボックリはかさのようなものが何枚もついた形をしているのか
- マツはどのように生息範囲を広げているのか（どのように種子を遠くに運ぶのか）

など、改めて考えてみると不思議なことや知らないことは案外多いかもしれない。

3．生物の能力を発見しよう（アイデアの収束）

予想した生物の特徴について、本当にその特徴があるのか、ある場合はその特徴の仕組みや原理といった詳細はどのようなものなのか、について調べてみよう。

生物をすでに選んで決めているので、ネットや図鑑でも調べやすいと思う。『○○（選んだ生物）の不思議』といった本があれば読んでみよう。水族館などの施設にいる生物なら実際に見てみたり、入手できる生物なら飼育してじっくり観察したりするのも楽しいだろう。ドンピシャな情報は簡単に見つからないことも多いので、専門的に知りたい場合は、研究者が書いた論文を読むことに挑戦するのも良い。

> マツボックリの「なぜ雨の日はマツボックリのかさが閉じているのか」という疑問については、「鱗片」の内側と外側で水を吸収したときの膨張する度合が違う、という原理で雨の日には閉じている。ちなみに、濡れると閉じていく仕組みはマツボックリを水に浸すだけで簡単に観察できるので、97pを参考にぜひ試してほしい。

4．何に活かせるか考えてみよう（アイデアの発散）

いよいよ生物から見つけたアイデアをモノづくりに変換して

いく。ここからは生物学から離れてモノづくりや技術の話に変わっていく。バイオミメティクスの真骨頂で、とてもおもしろい作業であるが、同時にとても難しい作業でもある。

なぜかというと、考えてきた生物の仕組みを何らかの製品の機能に当てはめるので、今度は製品の機能や技術の仕組みを知っている必要があるからだ。この本では､「アイデアを発想すること」を目標にしているので、子どものワークショップなどで深く考えるのが難しそうなら､想像で「この製品に使えそう！」というのをどんどん発表して楽しんでもらうのでももちろん良い。私がやってきた学生向けのワークショップでも、生物からアイデアを考えてもらった結果、風力発電そのものの形や医療用ロボット、道路標識など、参加者それぞれでいろいろな応用先が提案された。

少しだけ専門的な話をすると、製品の部品に着目することで応用先の候補は広がる。私が技術者時代に開発していた、電気自動車やパソコンに搭載されている｢リチウムイオン二次電池」を例に考えてみる。製品そのものの機能だけに着目すると「電気」や「蓄電」などがキーワードとなり、バイオミメティクスの応用先としては限定的になる。しかし、リチウムイオン二次電池は実際には正極やセパレータ（絶縁体）など多くの部品で構成されているので、部品がもつそれぞれの機能がバイオミメティクスの応用先となることができる。部品の一つであるセパレータをみてみると「耐燃焼性」や「強度」など、製品自体の機能であった「電気」とは異なる、より具体的なキーワードがでてくる。

ある製品一つとってもそのように技術的なキーワードを広げることで、これまでの手順で考えてきた生物のアイデアを活かせる可能性を高めることができる。身の回りの製品について、どのような部品で構成されていて、部品それぞれがどのような機能や性能を必要としているのかを改めて考えてみたり調べてみるのもおもしろいと思う。

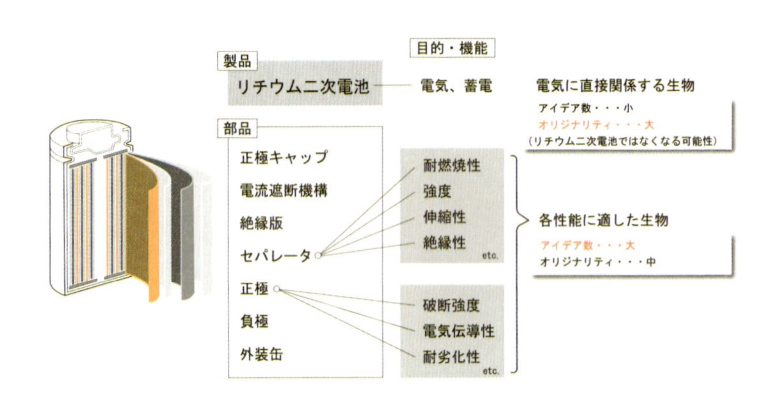

リチウムイオン二次電池で部品の性能まで考えてみた例

マツボックリの「鱗片の内側と外側で水を吸収したときの膨張する度合が違うため、湿度に応じて変形する」という仕組みは、湿った雨の日のときに自動で開閉して換気する「窓」など、建築分野で応用できそうだ。

5．応用しよう・作ろう（アイデアの収束）

ここまでの作業で、どのような生物の特徴をどのような製品に応用するのかを考えた。あとは実際に作る作業である。もし簡単に自作できるようなものであれば作ってみよう。企業での開発であれば、ここからは検証したりプロトタイプを作ったりと、一般的なモノづくり工程とほぼ同じ流れなので割愛する。

2．　課題解決型アプローチ

解決策提案型アプローチを実践したところで、次は、すでにある課題に対して解決のヒントになりそうな生物を探していく課題解決型アプローチについても考えてみよう。課題解決型アプローチは、次のような４つの手順で行われる。

1．解決したい課題や目的を決める
2．課題を生物に関する用語に置き換える
3．生物を探索する（アイデアの発散）
4．生物を詳細に調査し、絞り込む（アイデアの収束）

1．解決したい課題や目的を決める

どのような問題を解決するためにバイオミメティクスを活用するのか、対象とする課題のイメージをはっきりさせるのが最初の作業である。たとえば「扇風機にバイオミメティクスを使いたい」という課題設定だと曖昧すぎる（生物のアイデアが多くなりすぎる）。扇風機の何をどのように改善したいのか、もしくはどのような機能を新しくしたいのかなど、具体的に設定する必要がある。たとえば、「扇風機の送る風量を大きくしたい」「扇風機の音を小さくしたい」などといったイメージである。もしくは、製品のもっと根本的な機能や目的に着目して「より涼しさを感じたい」「室温を下げたい」などでもOKだ。

2．課題を生物に関する用語に置き換える

次に、課題解決のヒントとなる生物を探す準備として、さきほど考えた工学的・技術的な用語を生物学にも当てはまる用語に変換したい。専門分野間の用語の翻訳である。イメージでは、生物を見つける「手がかり」を作る作業に近い。

たとえば「扇風機」というそのままのキーワードを生物から探すことはかなり難しい。「扇風機」というのは人工物の用語であるからだ。そこで「扇風機」という製品や求める機能と生物をつなぐキーワードを見つけるのである。コツとしては、生物を主語に、人工物を含まないような質問の文章を作るのがわかりやすい。基本形として「生物はどのように○○しているのか」という文章に変換してみよう。

たとえば扇風機であれば

・「風量を大きくしたい」
⇒生物はどのように**風や空気をとらえているのか**

・「音を小さくしたい」
⇒生物はどのように**羽ばたき音を小さくしているのか**

・「涼しさを感じたい」
⇒生物はどのように**巣の温度を低く保っているのか**

当たり前かもしれないが、ここで生物に当てはまらない言葉を意識的に翻訳しておかないと、この後、具体的な生物を探す作業のときになかなか見つからず困ることになる。

他にも、数式から調整したい変数を決めて探す方法もあるが、少し専門的になるので本書では割愛する。なお、細かく指定しすぎても、生物からアイデアを得るのが難しくなるので注意が必要である。個人的には、一つの生物（アイデア）がスムーズに見つかることを優先し、後から同じ課題を解決する能力をもっていそうな生物を探して広げていくほうが良いと思う。

$$S = \frac{a \times b}{c}$$

製品の性能Sを大きくしたい！
Sには、aとbとcが関係している

生物はどのようにaもしくはbを大きくしているのか
生物はどのようにcを小さくしているのか

このように、異分野間の言葉の翻訳作業がバイオミメティクスでアイデアを見つけるために特徴的な工程であり、生物学の知識だけでも工学の知識だけでもできない部分である。難しく感じる人もいるだろうが、この異なる分野がつながる感覚が私にとってはとてもおもしろく、好きな部分でもある。

3．生物を探索する（アイデアの発散）

解決したい課題が決まり、言葉の変換も済んだところで、いよいよ生物を探してみよう。

課題解決のヒントを与えてくれる具体的な生物に辿り着くために、言葉を変換する作業で作った文章から得られるキーワードをもとに調べていく。生物の情報収集のために使うツールは、ネット、書籍、図鑑、論文、博物館など多岐にわたる。

たとえば、扇風機で考えていた質問からは、以下のようなキーワードが考えられる。

- **生物はどのように風や空気をとらえているのか**
  ⇒**風、空気、飛翔、飛行**
- **生物はどのように羽ばたき音を小さくしているのか**
  ⇒**音、消音、防音**
- **生物はどのように巣の温度を低く保っているのか**
  ⇒**冷却、温度調節、気温、体温**

ただ、ネット検索の結果は信ぴょう性に欠けるときがあったり、索引がない書籍などからピンポイントで情報を見つけるには全文読んで探さないといけなかったりなど、正直結構手間だと思う。そこで紹介したいのが、**バイオミメティクス専用のサイト『AskNature』**である。私がワークショップを行うときもこのサイトを情報収集のツールとして最初に紹介する。英語ではあるが、そこまで難しいものではない（もし英語がどうしても嫌なときは､検索エンジンの翻訳機能を活用しよう）。このサイトの何が良いかというと、記事の情報源となった本や論文などの出典が基本的には明記されていることである｡「もっと詳しく知りたい！」と思ったときに、参考文献が書かれていればすぐに調べることができる。

ここでは何か１種でも生物にたどりつくことをとりあえずの目標にしよう。余裕がある場合やもう少し調べたいときは、最初に見つけた生物を手がかりに、

- **遺伝的に近い生物**
- **同じ環境や場所に生息する他の生物**

も探してみると、他の生物が新たに候補として見つかるかもしれない。

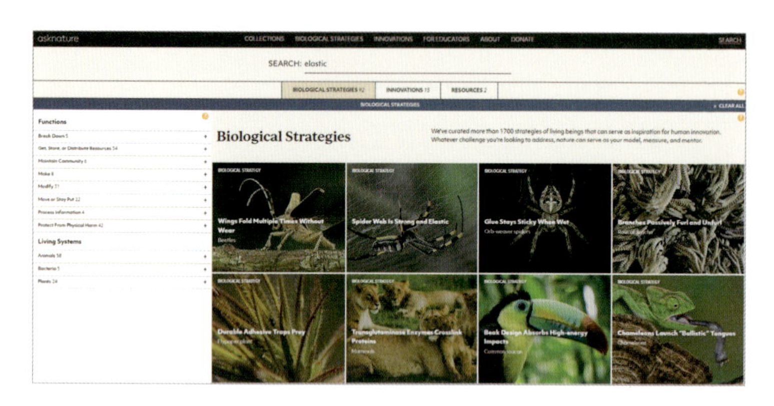

AskNature の検索画面。“SEARCH” の部分にキーワードや生物名を英語で入力すると、関連する情報がピックアップされる。(Image credit: AskNature of the Biomimicry Institute | asknature.org | biomimicry.org)

4．生物を詳細に調査し、絞り込む（アイデアの収束）

これまでの作業で「この生物はヒントになるかもしれない」というところまでたどりついた。ここでは「たどりついた生物のこの機能が、課題解決の参考になる」という段階に進みたい。

まず、候補となった生物の機能について、詳しく調べてみよう。

情報を集めるツールとして、ネット、書籍、論文は先ほどの生物探索作業と変わらず継続して使える。そして新たに、詳しく調べるには飼育観察や野外観察などが有効となる。生物の生態を撮影したYouTubeの動画なども参考になる（ただし、信頼できるかは判断する必要がある）。生きている生物を観察したいが自分で入手が難しい場合、水族館などを含む博物館系施設での展示を見に行くのも良い。

そのような方法で、目当ての生物について詳細な情報を手に入れたら、目的として設定した課題をどのように解決できるか考えてみよう。課題と生物の機能がどのように近いのか、どのように関係しているのか、をイメージする。生物の選定から課題の解決という応用のイメージができれば、ここからは解決策提案型アプローチと同様に、実際の効果を検証したり試作品を作ったりと、通常の開発に近くなる。

生物からアイデアを得て応用先を探す解決策提案型アプローチ、解決したい課題のヒントになりそうな生物を探す課題解決型アプローチの2つを紹介したところで、「生物に関する知識量は関係ない」とできれば言いたいところだが、残念ながらバイオミメティクスアイデアの大元は生物学なので、生物の種や生態をよく知っているほうがスムーズな発想につながる。図鑑にもすべての生物が掲載されているわけでは当然ないので、生物を多く、詳しく知っているほどアイデアは出しやすい。

アドバイスとして、バイオミメティクスに頼りたいが生物に詳しくないと感じる場合は、生物に詳しい人やバイオミメティクスを専門とする人に相談したほうが、早く良いアイデアを見つけ出せる可能性が高い。

実験でバイオミメティクスを体験しよう

生物の不思議でおもしろい特徴から発想が生まれるバイオミメティクスだからこそ、自分の目で観察する実験もとてもおもしろい。ここでは、バイオミメティクスを体験できる簡単な実験を２つ紹介する。自由研究や学校での実験にぜひオススメしたい。

実験１ ハスの葉のはっ水を体験しよう

一つめは、ハスの葉を使って「はっ水」を体験する実験である。

【実験時間】
・約15分

【用意するもの】
・ハスの葉
（他の植物の葉も用意できるなら、ぜひ比べてみよう）
・水
・スポイト
・細かい砂
・「ビヒダスヨーグルト」（森永乳業株式会社）のふた

【手順】

・スポイトで水滴をハスの葉の上に1滴ずつたらして、はじく様子や水滴の形を観察しよう

・ハスの葉の上に砂を少量ちりばめる

・水滴が砂に触れたときにどうなるか、じっくり観察しよう
・ハスの葉を傾けたりして、水滴の動き、砂の様子を観察しよう

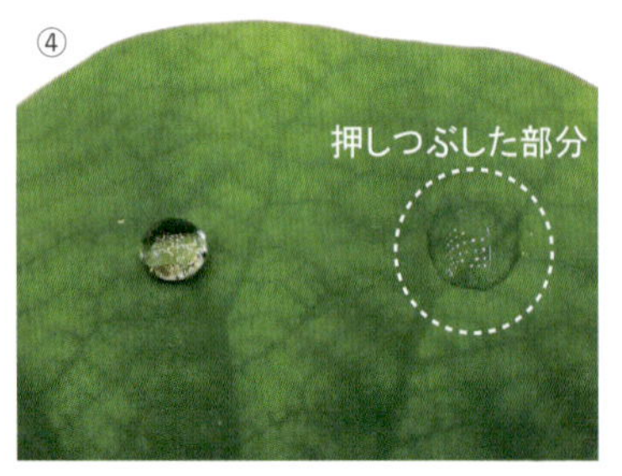

・葉の一部を指の腹で強く押しつぶして、その部分の上だと水滴がどうなるか観察しよう
・ヨーグルトのふたにも水滴をたらして比べてみよう

ワークショップなどでこの実験を体験してもらうと、ハスの葉が予想以上に水を強くはじくことに驚く人が多い。水滴を落とす距離を大きくとると、葉で弾んで葉の上からいとも簡単に飛んでいってしまう。少し傾けただけで勢いよく転がるので、小

さいハスだと葉の上に水滴を乗せ続けるのは難しい。そして、葉の上で水滴が砂に触れると、砂粒は水滴に吸着する。一度ひっつくと、そこからは一緒に転がる様子が観察できる。

なぜハスの葉はこのような「水をはじく」仕組みをもっているのか、生物学と工学の両面から考えてみる。

生物学的・生態学的な役割

ハスは植物であり、葉で光合成をして栄養を得ている。そのため、葉の上に汚れがあるとその部分は太陽の光を受けることが妨げられ、光合成の効率が悪くなってしまう。それを防ぐため、葉の表面ではじいて転がる雨水に汚れを吸着させて落とし、葉をきれいな状態に保っている。

工学的な原理

ハスの葉の表面には、肉眼で見えないサイズの微小な凹凸がある。そのような凹凸があると、水滴と葉の間にある空気が逃げず水滴はほぼ浮いているような状態になる。つまり葉が水をはじいている状態となる。その状態では水は少しの力で移動できるので、葉の上をとてもスムーズにコロコロ転がるという仕組みである。なお、表面にある凹凸によって水をはじいているので、指で葉を押しつぶすとその部分は水をはじかなくなる。

ハスの葉のはっ水効果は、ハスの英名ロータス（Lotus）から

「ロータス効果」とも呼ばれる（p.55参照）。また、ハスの葉やカタツムリの殻のように、生物がもつ自動的に汚れを落とす仕組みは「自己クリーニング機能」と呼ばれる。

ロータス効果をヒントに開発された製品として、森永乳業株式会社の「ビヒダスヨーグルト」のふたに採用されている『TOYAL LOTUS』がある。ハスの葉のはっ水と凹凸構造をヒントに、ヨーグルトが付着しにくい表面になっている。（ふたについたヨーグルトをなめとる必要がない！）

ハスの葉を使ったこの実験では他にも、水ではなく油をたらすとどうなるか、他の植物の葉だと水滴はどうなるのか、他にも水をはじく葉はないのか、などいろいろ試せるので、ぜひチャレンジしてほしい。

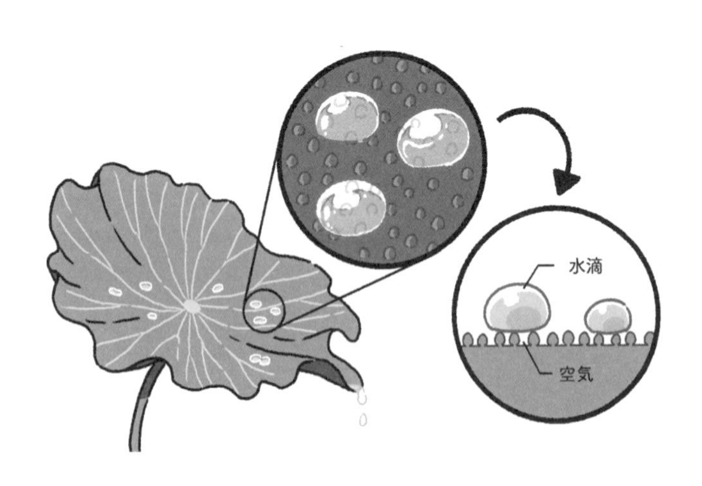

実験2　マツボックリの変形を観察しよう

【実験時間】
・作業5分＋観察1時間半ほど

【用意するもの】
・乾燥して開いたマツボックリ（大きくて形のきれいなもの）
・マツボックリを水に浸す透明な容器
・水

【手順】

・容器にマツボックリを入れる

・その容器にマツボックリが浸るくらいの水を入れる（マツボックリが浮くことがあるが、気にしなくてよい）
・マツボックリの形の変化を、数分おきに観察する

実験とはいっても、こちらはマツボックリを水に浸すだけのいたってシンプルな観察である。水に浸すと、開いていたマツボックリが少しずつ閉じていく。おそらく10分後くらいには、「少し小さくなった？」と感じるだろう。マツボックリの大きさ

にもよるが1時間もすればだいぶ内側に収縮し、三角コーンのような円錐形に近い形になる。マツボックリのかさの開閉については3章の活用事例で紹介するのでここでは簡単に説明する。

まず、マツボックリのかさ一つ一つである鱗片（りんぺん）の間には、薄い膜の羽がついたような種子がもともと挟まっている、というのがポイントである。その種子は、マツの木になったマツボックリから離れ、羽のような部分で風を受けて遠くに運ばれる。生物学・生態学的には、生息範囲を広げるにはその種子を遠くまで運ぶことが望ましいので、雨の日ではなく晴れの日に種子が放たれるのがよい。そこで、湿度の違いによってマツボックリの鱗片が開閉する工学的な仕組みが上手く機能している。乾燥すると開いて湿ると閉じることで、雨の日は種子が放たれるのを防ぐことができているのである。環境に対応して動くこの仕組みは、建築分野での応用が注目されている。

水に浸したマツボックリが閉じていく様子

今回紹介した実験を通して、バイオミメティクスの発想につながる生物のおもしろさや不思議を体験してもらうのはもちろんのこと、他の生物ではどうなのか？他におもしろい仕組みはないか？とさらに深く興味を持つきっかけになればとても嬉しい。

アイデアの宝庫　博物館

バイオミメティクスのアイデアを見つけるのは、実はどこでもできる。自然の中で生物を観察することや、生物に関する本を読むことでも、生物のおもしろい能力に気づけるだろう。図鑑を持ち歩きながら「この植物は○○！」と、生物の名前を調べながら散歩するのもよい。最近では､生物の写真を撮って､その画像で画像検索することでその生物の名前がわかるときもある。

だがしかし、「どこに生物がいるのかわからない」「図鑑を見ても名前がわからない」「野外だと子どもがケガしそうで怖い」という気持ちもわかる。そこで個人的にオススメなのが博物館である。なお、ここでいう博物館は、動物園や植物園、昆虫館、水族館などを含む。

標本や生きている生物を集めて展示している博物館では、とてもたくさんの生物を知ることができる。気になった生物を見つけたら、まじまじと観察してみたり、解説パネルがあれば読んでみたりと、楽しみ方は十人十色である。たいていの展示は何らかのテーマに沿ってまとめてあるので、そのテーマと生物がどのように関わるのか考えるだけでも学べることは多いだろう。図鑑やネットでは得ることのできない体験ができる。そのような博物館は教育や研究にとって間違いなく大切な施設であるが、実はバイオミメティクス研究にとってもかなり重要だとされている。

なぜバイオミメティクスにとって重要なのか。バイオミメティクスでは生物がアイデアの基となるので、その生物を多数所有している博物館はバイオミメティクス研究のアイデアの宝庫なのである。「この生物を見てみたい！」と思ったときに、その生物が展示されている博物館に行くだけで観察できるという利点がある。（もちろん触れたりはできないことが多いが。）

企業では（観葉植物以外の）生物の持ち込みが禁止されている場合もよくあるため、飼育しながらの観察や生物を使った実験をすることが難しい面もある。その点、生きた生物の展示を行う施設では、生物の実際の動きや質感などを確認することができるので、アイデアを発想する大きな助けとなるだろう。

博物館がバイオミメティクスを盛り上げる！

博物館では、バイオミメティクスに関する展示や特別展が行われることがある。たとえば、東京・上野にある国立科学博物館では、2016年に企画展「生き物に学び、くらしに活かす—博物館とバイオミメティクス」が開催された。東京農業大学の「食と農」の博物館でも、2014年から2015年にかけて「『バイオミメティクスを超えて！』—昆虫などの生き物や自然に学ぶものづくり—」が行われた。大阪のひらかたパークでは、2023年に開催された「めっちゃ！昆虫展」で、昆虫から生まれたバイオミメティクスについても展示が行われた。

海外でもバイオミメティクスの展示は行われている。ニューカレドニアのミッシェル・コルバッソン動植物森林公園では、ヤモリの常設展示パネルに、壁を歩くことができる足先の微細構造などが解説され、バイオミメティクスについても紹介されていた。しかも、パネルの横には生きたヤモリの展示があり、解説を読んでから実物を観察できるようにもなっていた。動物園ならではの展示でとてもおもしろく、印象に残っている。

また、バイオミメティクスの発展に積極的に協力している博物館もある。フランスの国立自然史博物館 Muséum national d'Histoire naturelle は、バイオミメティクス開発のプロジェクト『Bioinspire-Museum』や、オープンソースの生物データベース『Bioinspire-Explore』を立ち上げるなど、長期的にバイオミメティクスをサポートしている。アメリカのサンディエゴ動物園では、2011 年にバイオミメティクスに関する学会（研究成果の発表）が行われている。誰もが気軽に訪問できる博物館でこのような展示や教育活動が行われることは、「知るきっかけ」を増やすとても良いアプローチだと思う。

近年メディアなどで取り上げられることが増えてきたとはいえ、「バイオミメティクス」という言葉自体知らない人は依然として多い。博物館での展示はそれまで関心がなかった人にも知ってもらう方法として大きな効果が期待できる。日本でも今後バイオミメティクスをテーマにした常設展示やイベントが増えることを願っているし、いつか直接携わってみたい、と密かに狙っていることはここだけの話である。

バイオミメティクスを学べる環境や機会はいまだ少なく、学ぶことへのハードルがまだまだ高い。私は高校生への出前授業

ウィーン技術博物館で開催された展覧会『Bioinspiration』。この展覧会は、スペインの科学博物館 Parque de las Ciencias が企画し、欧州国際協力の一環としてウィーン技術博物館でも展示された。（提供：Vienna Museum of Science and Technology, Vienna, Austria）

もよく行っているが、そのような機会の提供を増やせるように精進したい。また、バイオミメティクスでは生物のユニークな特徴が多く登場することや、生物学が身の回りの製品に関わっていることを知ることで、科学そのものへの関心を高める強い効果があるように感じている。そのため、多角的な視点を養う教材としても優れていると考えている。

展示にアイデアは隠れている

なんといっても多数の生物が展示されていることこそ博物館の強みである。博物館では、同じ生息地の生物群や、遺伝的に近い生物群でまとめて展示していることが多く、そのような展示はバイオミメティクスを考えるときにとても参考にしやすい。

たとえば「砂漠に生息する生物」というテーマの場合、そこで展示されている生物の多くは暑さや乾燥に対処するための何らかの能力を持っていると予想することができる。また、「世界のチョウ」などのように遺伝的に近い生物でまとめて展示されている場合は、生物の形態などを比較してわかる異なる特徴に、それぞれの生息環境に適応した仕組みが隠されている可能性がある。

生態を学ぶ

開発に携わる人にとって、課題解決のヒントになる生物を探して、すぐにアイデアを見つけて業務に取り入れる、ということは実際には難しいだろう。しかし、少しでも参考になる生物を見つけられる確率をあげることに損はない。その意味でも博物館でいろいろな生物を知っておくのは個人的に有効だと考えている。

図鑑や論文に書かれている情報量よりは少ないかもしれないが、展示生物について解説するパネルからいろいろなことを知ることができる。解説パネルで紹介された生物の特徴的な生態から、抱えている技術課題とつながるキーワードが見つかるかもしれない。たとえば、「山火事にあっても生き残る植物である」という紹介文であれば、「その生物には熱や燃焼に耐える仕組みがあるかもしれない」と気づく可能性がある。

特別展は狙い目

博物館では、常設展というその館のコレクションを公開する展示に加えて、特別展という展示がある。特別展は、多くの場合公開期間が決まっていて、多様なテーマに沿って企画された展示となっている。

ある生物やある環境に深くフォーカスした特別展は、普段は語られない詳しい情報に触れることができるのでぜひオススメしたい。良い意味で、一般的でない**マニアックな世界を存分に楽しむことができる**。また、特別展ではバイオミメティクスにつながりそうな生物の特徴が解説されていることもよくある。

たとえば、国立科学博物館で2023年に行われていた特別展「海　―生命のみなもと―」では、海の環境や生態系、海に関する様々な生物を詳しく観ることができた。その中で、深海に生息していて鉄成分のウロコと貝殻をもつことでバイオミメティクスでは注目されているウロコフネタマガイ（p.155参照）が展示されていた。他にも、水深6500m以上の超深海に生息する生物の紹介も興味深かった。

他にも「日本の鳥の巣と卵」（大阪市立自然史博物館）、「バッタ展」（広島市森林こんちゅう館）、「もうどく展 極」（サンシャイン水族館）など、各地の博物館でおもしろい特別展が行われている。

また、その地域に生息する生物や文化に注目した展示を行う施設もある。ホタルイカの名産地、富山県滑川にある「ほたるいかミュージアム」では、ホタルイカの生態や発光の仕組み、ホタルイカ漁の歴史などについて詳しく展示しており、博物館自体が特別展のようである。また、例年３月から５月ごろにかけて、生きたホタルイカに触ることのできるスペースが設置され、目の前で光る様子を観察することができる。(ホタルイカの刺身と天ぷらが絶品だった！)

個人的にマニアックな展示は大好きなので、とある分野に特化した特別展や博物館ではクスっと笑える展示や、(良い意味で)「なんでやねんｗ」と思わずツッコミたくなるような展示があり、とても楽しめる。

バイオミメティクスに関係なく、今までよく知らなかった生物の新たな一面をみるだけでも好奇心は刺激されるだろう。日本には各地に素晴らしい博物館があるので、気軽に訪ねて生物との出会いを楽しんでほしい。

生物の速い動きをとらえるハイスピードカメラ

目にもとまらぬ動きをじっくりみたい

ホバリングや急停止といったトンボの飛行、シャコが繰り出す強烈なパンチ、カマで素早く獲物を捕まえるカマキリの狩り、シダ植物がもつ胞子のうの破裂など、人間の肉眼ではとらえられない生物の動きはたくさんある。

いったいどのように動いているのか、動いている間はどういう姿勢をしているのか—。すばやい生物の動きをもっとゆっくり見てみたい！と感じたことはないだろうか。

近年は一般的なデジタルカメラでも120 fps*といったハイスピード撮影ができるようになってきたが、ハイスピード撮影専用のカメラ機材と比べると、画角が狭かったり暗くなってしまったりとなかなか鮮明に撮影することは難しい。これがハイスピード撮影専用のカメラだと、およそ1000～1000000 fpsとい

* **fps**　frames per second の略。1秒間あたりのフレーム数（撮影枚数）。

う速度での撮影が可能となる。そのようなカメラを使った高速撮影では、エンジン内部の燃焼の様子や、電池の爆発の様子、材料が破壊される様子など、人間の目ではとらえることのできない一瞬を画像におさめることができる。

工学分野での利用が多いハイスピードカメラだが、生物学研究においても使用され始めている。冒頭に紹介したような、肉眼ではとらえにくい生物の動きを観察して調べることは、バイオミメティクスへの利用にもつながる。たとえば、トンボの機動力抜群の飛行方法はドローンなど飛行ロボットの設計に、昆虫が翅を展開させる動きや体の構造は人工衛星のパネル展開などへの応用が期待されている。なお、ハイスピードカメラの性能においては、撮影速度を大きくするほど撮影範囲が狭くなってしまうことが課題であったが、近年では4K解像度などの高画素ハイスピードカメラも実用化されており、十分な解像度と撮影範囲で生物の行動を詳細に観察することができるようになった。さらに、数十台のハイスピードカメラを使って、高速現象を3Dモデル化することも可能となり、生物の飛翔などのすばやい動きを立体的にとらえる新たな観察方法として期待されている。

まだまだ観察されていない（画像で検証されていない）生物の動きはたくさんあるので、今後公開されてくるであろう驚愕のおもしろいハイスピード映像がとても楽しみだ。

ハイスピードカメラ製品。左:FASTCAM Nova S、右：FASTCAM Mini R5-4K（提供：株式会社フォトロン）

アキアカネの着地の様子。機 材 名：FASTCAM SA2、撮影速度：1000fps、撮影：高嶋清明（昆虫写真家）

ハイスピードボリュメトリックキャプチャ。数十台のハイスピードカメラを使用し、オウムの飛翔を 3D モデル化。機材名：High Speed Volumetric Capture、撮影速度：1000fps（提供：株式会社フォトロン）

生物の外と中をデータに残す、3D-CTスキャン

これでしか残せない情報がある！

まるで体を輪切りにしたような視点で体内を調べることができるCT検査の画像を見たことはないだろうか。3D-CTスキャンは、三次元コンピュータ断層撮影（Three dimensional computed tomography scanning）を意味する。工業や医療で使用されることが多く、さらに、ゲーム業界といったエンターテインメント分野でもゲーム内の動物を表現するために3Dの撮影データが活用されている。

そんな3D-CTスキャンだが、ハイスピードカメラと同様に、実は生物学研究でも使用されている。生物の体内はもちろん棲管（せいかん）*の構造などを撮影して、画像を観察することができる。生物学やバイオミメティクスの研究では、「生物サンプルを破壊せずに観察し、データにしたい」という状況は意外と多い。たとえば、私はユスリカの幼虫が生息する藍藻類の内部構造を観察するために3D-CTスキャンを使用したことがある。他にエビなども新鮮な状態の形をデータで残すために撮影した。

＊棲管　生き物が棲む巣穴。分泌物や、分泌液と砂など他の素材を組み合わせて作られたもの。

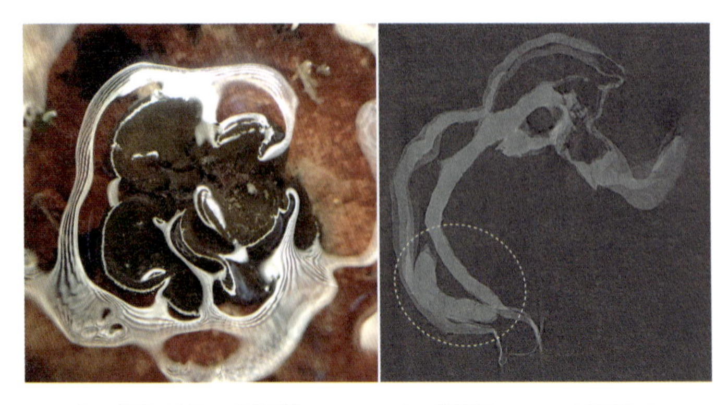

左：岩壁にはりつく藍藻類コロニー。右：藍藻類コロニーを撮影した3D-CT 画像。白点線で囲った部分にユスリカ（*Cricotopus cataractaenostocicola*）の幼虫が映っている。

3D-CT スキャンで撮影するメリットとして、まず、生物の外側の形と内側の構造を立体的な 3D データで保存できることである。そして、撮影した 3D データはもちろん後日でも観察が可能である。生物サンプルはどうしても劣化が早く、そのまま置いておくことができないので、データではあるけれども入手したときの状態を保存できるのはとても助かるのである。後から「生物のこの部分をもう一度観察したい」と思ったときに、その 3D データがあればすぐに見直すことができる。

3D-CT スキャンによって得られる 3D データは、シミュレーションなどの工学的検証に使用できることもバイオミメティクス研究にとって大きな利点である。生物の立体的な形を工学的に検証する際には、2D の写真やスケッチから主観的に作成した

3D モデルではなく、3D-CT スキャンで撮影した 3D データのほうが客観性が高いので望ましい。最近は 3D プリンターも普及しており、撮影したデータを基に模型を作製し、実験に使うことなどができるようになった。

生物学研究で重要な資料として「標本」があるが、その役割の一部を 3D データが担う可能性も模索されている。標本にはたとえば乾燥標本や液浸標本というようにいくつかの種類があり、外側の姿の保存や遺伝子情報の保存など、標本の種類で残りやすい情報は異なる。そして、バイオミメティクス研究でよく参考にされる構造や毛といった微細な組織の情報は、標本を作成する過程や保存中の劣化で失われてしまうことがある。しかし、3D-CT スキャンで撮影されていれば、そのような失われやすい情報も残しておけるので、バイオミメティクスにとっては有効である。

もちろん、撮影の解像度（こまかさ）は機械の性能に左右され、データに反映されない情報も多いので、撮影したら実物が不要になるわけでは決してない。たとえば、3D-CT スキャンでは色や硬さは測定されない。また、生物の内部を撮影した画像であれば、水分量の違いが画像にあらわれるので、水分を多く含んだ体内組織だと境界がわかりにくかったりする。そのため、生物の新鮮な状態を 3D-CT スキャンで撮影し、必要になった際には再度検証できるように実物も標本で保存するのが良い。

3D-CT スキャンでは、生物サンプルの水分が蒸発することによる変形で生じるブレや、データ量が大きい（私が使っているノートパソコンではデータ量が大きすぎて開けないデータもある！）などの課題もあるが、3D-CTスキャンという撮影で得られる情報は大きい。

そのような3D-CTスキャンで撮影された立体的なデータを見ることのできるウェブサイトもある。株式会社JMCが運営する『CT生物図鑑』というサイトでは、様々な生物の3D-CT画像を見ることができ、自分でグリグリと回転させてあらゆる角度から観察できるのでとても楽しく、個人的に気に入ってい

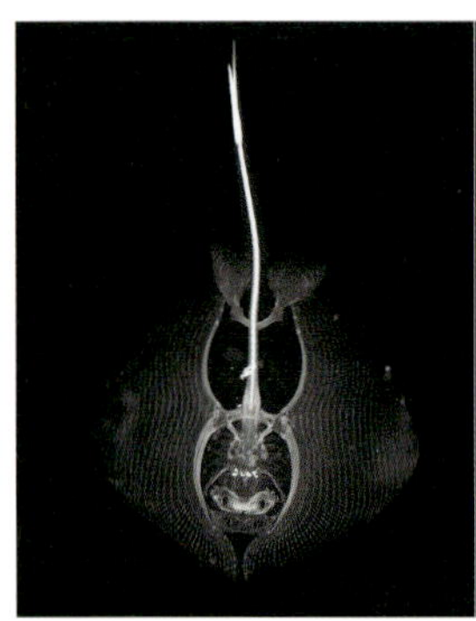

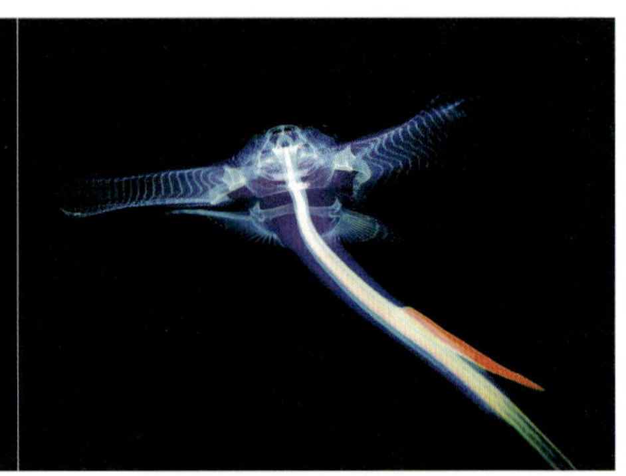

アカエイのCT画像。尾にある棘の部分が明るく映り、他の骨（軟骨）より硬い構造になっていることが観察できる。（提供：株式会社JMC）

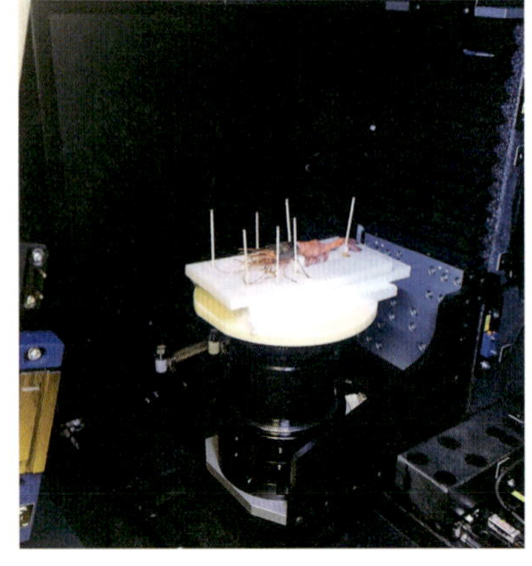

3D-CTスキャン装置の内部。エビを発泡スチロール上に固定し撮影した。

る。また、3D データの公開プラットフォームサイト『Sketchfab』では、博物学的な資料も充実しており、ウィーン自然史博物館など海外の博物館が収蔵資料を公開している。

『CT 生物図鑑』のコンテンツリスト
（提供：株式会社 JMC）

基本的に 3D-CT スキャンは外注になり、撮影価格が高いのが個人的に悩みどころであるが、生物の内部構造まで必要ないのであれば「フォトグラメトリ」という撮影方法も便利である。フォトグラメトリは、多数の 2D 写真から 3D モデルを作る技術であり、生物だけでなく、地形や建造物といった分野でも活用されている。

3D-CT スキャンやフォトグラメトリを使った、生物の 3D データが蓄積していくことで、バイオミメティクスはもちろん、様々な分野で活用の幅が広がると期待している。

第3章

未来の社会を創るバイオミメティクス

BIOMIMETICS

マツボックリの変形を参考にした自動換気システム

シュッとした形は若いからじゃないのか…！

かさが閉じて三角錐の形のマツボックリと、かさが開いた丸いマツボックリを、誰しもが一度は見ているだろう。しかし、雨が降って湿度が高いときは閉じており、晴れて乾燥しているときは開いている、ということを知らない人は案外多いのかもしれない。この仕組みを語ろうとしている私自身も、木についた状態の緑色をしたマツボックリはかさが閉じているため、成熟する前に落ちてしまったのが閉じているスリムなマツボックリだと大学生くらいまで思いこんでいた。

この時点で、マツボックリはまわりの環境によって形が変わる仕組みをもっているというのはわかってもらえるだろうが、そのような仕組みを参考にした無電力アクチュエータ*という技術が研究されている。

湿ると動く

マツボックリを形作っているウロコのようなもの一つ一つを「鱗片（りんぺん）」という。この鱗片それぞれが、まわりの湿

＊アクチュエータ　電気や圧力などのエネルギーを、直進移動や回転といった“機械的な動作”に変換する駆動装置。

度に反応して内側に閉じたり外側に開いたりする仕組みをもっている。

鱗片の断面は、維管束がある内側の維管束層と、外側の厚壁組織の２層にわかれる。維管束とは水や養分の通り道であり、厚壁組織とは、通常の細胞より強度の高い細胞が集まった組織である。そして「鱗片は、水分を含むと膨張し、乾燥すると縮むが、乾燥による収縮率は内側より外側が10倍ほど大きい」というのが今回のバイオミメティクスの重要ポイントである。その性質により、乾燥時の鱗片はより大きく縮む外側に強く引っ張られ、マツボックリは開いた状態になる。

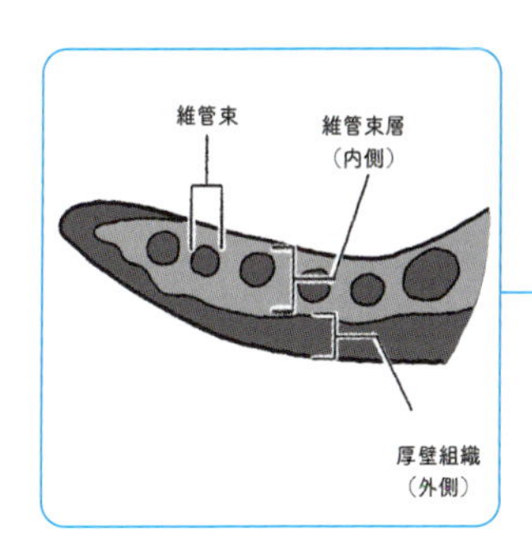

この仕組みはマツボックリにとってどのようなメリットがあるのか。それを知るために、マツボックリとは何かをまず説明する。マツボックリ自体は種子ではなく、球果という種子を守る器官である。ではどこに種子があるのか。実は、鱗片の内側表面に、片翼のような薄い膜をもった種子がついており、それを風で飛ばすことで離れた場所で芽吹く。そのため、遠くに種子を飛ばすには、雨の日はマツにとってかなり都合が悪い。し

たがって天気が悪く空気が湿っているときは鱗片を閉じてフタをして、種子が放たれないようになっている。晴れて乾燥したときには鱗片を開き、種子が出てよい状態にする。実によくできた生存戦略である。

天気によって形が違うマツボックリと、マツボックリの種子

マツボックリ型屋根で換気

マツボックリがもつ、湿度に反応して開閉するように動く仕組みは、建築物への利用が検討されている。『自動開閉により換気を行う壁』(Smart Building Skin) や『自動遮光システム』(Autonomous Shading System)、『気候適応型建築シェル』(Climate Adaptive Building Shell) などと名付けられている。建物の壁に配置されたウロコのようなパネルそれぞれが、雨が降

っているときは、自動で閉じて水の侵入を防ぎ、晴れて乾燥しているときは開いて換気を行う。もしくは、室内の湿度が高いときは開いて換気し、乾燥しているときは閉じる。住宅だけでなく、人工芝があるスタジアムの天井に搭載し、入ってくる日光や風通しを調節する方法としても期待されている。

無電力で屋内の空調を少しでも調整できることはとても大きなメリットである。特に最近は建物の消費電力を下げる取り組みが広く行われているので、このような技術は今後様々なところで目にするのかもしれない。

動けない植物が動く

動物は歩いたり泳いだりといった運動能力をもつが、植物は全く動かないのだろうか？いや、植物も動く。根を張って地面に固定されているため歩いたりはできないという意味では確かに“動かない”といえるかもしれないが、マツボックリのように環境変化を上手く利用して動く仕組みをもつ植物がいる。たとえば、ハエトリグサやモウセンゴケ、オジギソウなども接触を感知して動く。また、ヒマワリの花が太陽を追尾するように動くこともよく知られている。

動物のように筋肉をもたず大きく動くことのできない植物は、バイオミメティクスでは、主に「無電力」というキーワードでとても注目されている。植物の仕組みを参考にしたバイオミメティクスは「プラントミメティクス」と呼ばれることもある。動物と違って動きが制限されやすい植物だからこそもっている、より効率的で無駄なく動く仕組みは、モノづくりにおいて省電力化などの参考になるのではないだろうか。

自分で土に埋まる種と人工種子キャリア

そのワザどうやって身につけたの？

今から紹介するのは、これぞバイオミメティクスだと強く感じた、お気に入りの事例である。

欧米などでみられる大規模農場では人による種まきは膨大な時間と労力が必要なので、ヘリコプターを使って種をまく「空中播種」という方法がある。近年では日本でも、ラジコンヘリコプターやドローンを使って種をまいたり、農薬や肥料を散布したりすることができるようになってきた。

しかし、空中から種をまいて土の上に乗せただけでは発芽しにくい。家庭菜園で使うような種のパッケージもよく見ると、「種子を散布した後に軽く土をかぶせてください」と書かれていることがある。土の中に埋まっていない種では、温湿度などの環境が発芽条件に合わなかったり、鳥などに食べられたりと、発芽に不都合なことが起こりやすい。その問題を解決するバイオミメティクスが、オランダフウロ属（*Erodium*）の植物を参考に作られた「空中播種のための自律的自己埋設型種子キャリア」である。もう少し簡単に言い換えると「種を自動で土に埋める構造」である。

種の表面を化学物質で丸く包んだ種子は日本でも売られているが、種子を保護するためや、サイズを大きくして作業する人が扱いやすくするため、給水して湿度を保つためといった目的であり、オランダフウロの種子や開発された技術ほど複雑な構造ではない。

濡れると勝手に土に埋まる

　オランダフウロの種子にはコイル状にねじれた長い尾のようなものがついており、湿度変化に応じて変形する。そのねじれた部分が雨などで湿るとほどけるように動く。その力が地面で支えられることでねじのように回転し、先端の種子が土中に埋め込まれる、というとてもメカニックでおもしろい仕組みをもっている。オランダフウロにとっては、種を埋没させることで、動物に食べられることを防ぎ、火災や高温などで発芽しなくなる状況を避けることができる。

オランダフウロの種子。くるくると巻きつけられたような構造が特徴的。

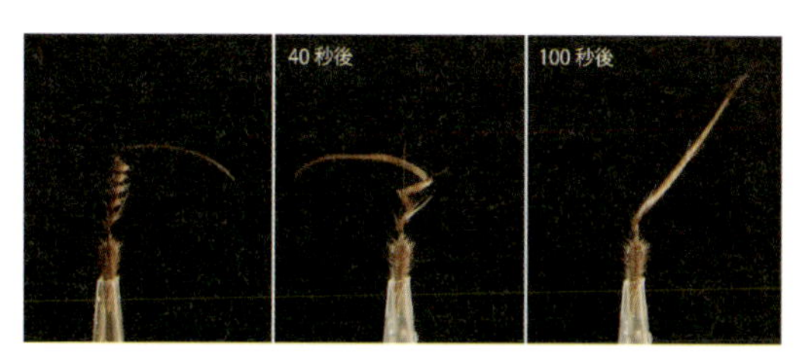

水で湿らせた時の動きの様子。

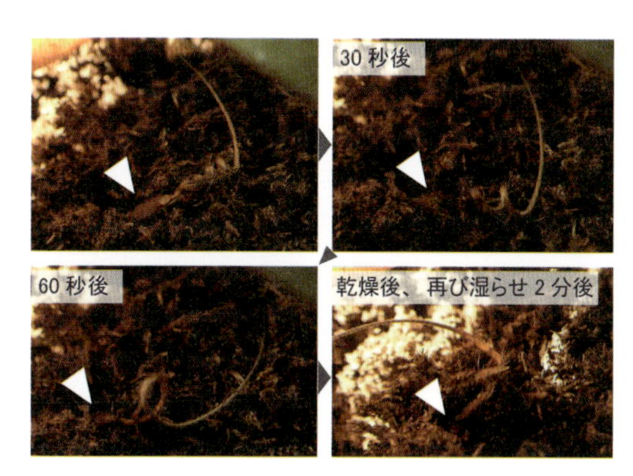

オランダフウロの種子が湿ってほどけ、土中に埋まる様子。

自動で埋まる仕組みを木材で再現

オランダフウロの種子とほぼ同様の形で、湿度に反応して土中にねじ込ませる構造が研究開発されている。栽培したい種子を、土中に埋め込まれる先端部分に事前にセットし、空中からばらまくのである。すると、雨が降ったときに自動で土の中に種子がねじ込まれるという仕組みである。運ぶ対象は種子以外にも、農場の温湿度などを測定する小型センサーや肥料などが検討されている。種子キャリアは農場で使われる技術なので金属は使用できないため、生分解性の木材でその仕組みを実現している。使う木材の種類や、巻きつける長さと角度、先端からの距離など、様々な条件が検討されており、再現するのが至難の業であったことが容易に想像できる。

さらに、この技術開発で感心したのは、単純にオランダフウロの種子を真似ただけではなくて、それを「ヒント」により良い仕組みに改善したことである。参考にしたオランダフウロは１枚の板がほどけるような形だが、開発されたものは３枚になっており、１枚の場合との比較などが行われている。

バイオミメティクスのおもしろさが詰まっている

なにより、この活用事例は「種子を土に埋める仕組みをもつオランダフウロ」に着目したことがすごいと私は思う。ただただ感心するばかりである。

種を自分で地面にねじ込む植物、と聞いてすぐに「オランダフウロ！」と思いつく人はおそらく少ないだろう。私もこの事例で初めて知った。しかし、オランダフウロは国外から入ってきて野生状態となった帰化植物として、日本にも生息している。

バイオミメティクスの開発の流れに沿ってこの事例をより深く考えてみると、課題を解決する生物を見つけることはバイオミメティクスにおける大きな関門の一つである。なぜならば、課題は人工的もしくは技術的な考えなのに対し、解決策は生物学であるという、分野の境界をまたぐ作業であるからだ。だが、そこがバイオミメティクスのとてもおもしろい醍醐味のように私は感じている。

このオランダフウロ研究について書かれた論文の参考文献を見ても、生物学系だけでなく、工学系、そして目的となる農業系も含まれており、バイオミメティクス特有の異分野が絡んだ技術開発であることがよくわかる。

種子の形は多様性に溢れている

オランダフウロという植物の種子を事例としてピックアップしたが、独特な仕組みをもつ種子はとても多い。プロペラ状の羽根をもつフタバガキ、片方だけの翼がついたようなカエデ、グライダー状の薄い膜をもつアルソミトラなど挙げるとキリがない。植物に意思はないとわかっていても、「少しでも遠くに種を飛ばして生息域を広げよう」という執着心のようなものを感じずにはいられない。

バイオミメティクスでもそのような種子の機能は注目されており、カエデを参考にした風車や、タンポポの種子をまねた散布デバイスなどがある。タンポポも改めて観察してみると、綿毛でふわふわと飛べるとても見事な形をしている。

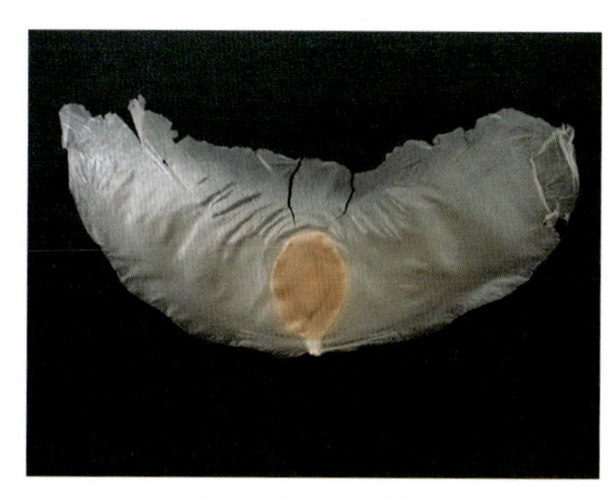

アルソミトラの種子

あらゆるものにひっつくコバンザメと吸盤の構造

生物の吸盤は奥が深い

サメ、クジラ、ウミガメ、マンタなど大きな海洋生物の体にひっついてヒッチハイクのように移動するコバンザメ。そうすることで、省エネで移動できるだけでなく、ひっついている生物が食べこぼした食べ物を得ることもできる。水族館でも壁にひっついているのを見ることができるよく知られた魚であるが、コバンザメがもつ吸盤を参考に、水中で容易に着脱可能な「運搬用吸盤装置」が開発されている。

ちなみに、コバンザメはサメではない。サメは軟骨魚綱だが、コバンザメは条鰭綱スズキ目に属する。また、実は美味しいという噂もある。

複雑な吸盤の形

一般的な人工吸盤は、塩化ビニールなど少し柔らかい素材で作られていて、円形のとてもシンプルな形状をしている。少なくとも小判のようには見えない。しかし、コバンザメの吸盤は小判に見える単純でなさそうな形をしている。

まず、頭部にある吸盤は何か？実は背びれが変化したものである。小判のフチの部分はブニブニしていて柔らかい。そして、小判模様に見える筋はとても小さなトゲが並んでいるものである。柔らかいフチをペタッとひっつけ、トゲを立てることでフチに囲まれた空間の圧力を下げて吸着している。このトゲの動き方には、背びれの名残があるように感じられる。

さらに驚くべきことに、そのトゲはコバンザメの後方を向いており、ひっついた面に引っかかるようになっている。そのため、サメなど吸着された生物が速く動いてもコバンザメはトゲのひっかかりで外れることはないし、むしろ自動的により強く吸着する。そして離れたいときは、その引っかかりを外すために相手より少し速く動くだけでよい。コバンザメからすると、もともと泳がなくてもひっついているので、体を動かして相手より一瞬でも速く泳げば外れるのである。もしコバンザメに吸着されてしまったときは、コバンザメを頭側に動かそう。

神がデザインしたかのようなこの芸術的な仕組みは、論文でも「脊椎動物の中で最も驚異的な適応の一つ」と表現されるほどである。

飼育したらめっちゃ可愛かった件について

実は、実際にコバンザメの吸盤を細かく観察してみたいと思い、飼育したことがある。細長い体でとても優雅にひらひらと泳ぐ姿に感動した。そして泳がないときには水槽の底や壁にピタッとくっつき、まるで「ふぅ、ひとやすみ…」と言っているかのような佇まいでとても可愛いらしい。しばらく飼育していると、ガラス越しのエサや、いつもエサを与えているお箸に反応するようになった。もしかしてこやつ、賢いのか…？！

物をひっつけて運ぶ

解剖やCTスキャンなどによって得られたコバンザメの吸盤の構造と実際に観察されたひっつく動きを参考に、水中でモノに吸着する吸盤装置が研究されている。トゲの小判状の配置や、トゲを立てたり寝かせたりする動きなど、かなりコバンザメに近い形状で作られている。

一見、細かいトゲはないほうがしっかりとひっつくように感じるが、サメの皮膚のような表面がザラザラした粗面では、トゲとトゲまわりに薄い膜がある吸盤形状のほうが摩擦力が大きくなり、はがれにくくなるようである。つまり、なめらかな面ではトゲの有無による吸着力の差が小さいが、荒い面ではトゲ無しだと弱くなる。そのため、ウミガメやサメなどへ吸着するにはこの細かいトゲの役割がとても大事だと考えられる。

このような吸盤の技術は、水中で物を運ぶ機械に搭載して効率的に輸送する、という利用が検討されている。

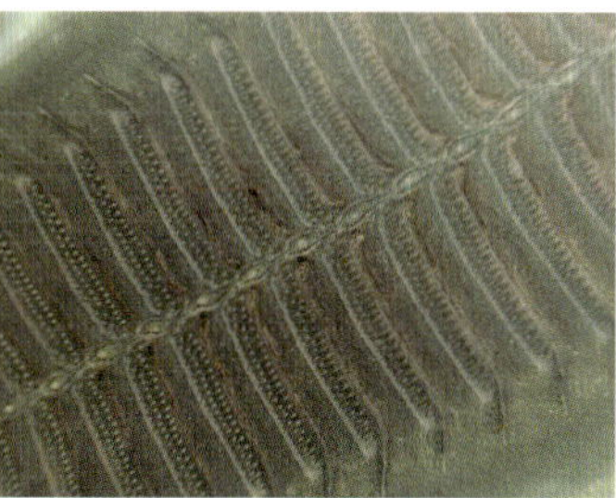

コバンザメとその吸盤の構造

コバンザメの吸盤の微細構造

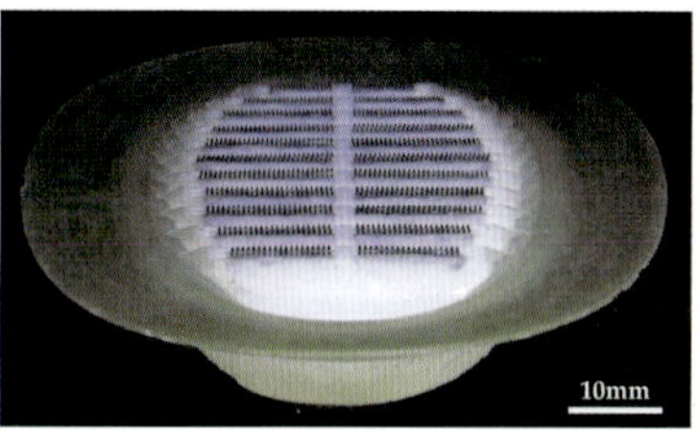

コバンザメの吸盤を参考にして開発された吸盤は、紙パックなどざらざらした粗い表面でもひっつくことができる。(Yueping Wang *et al.*, 2017)

生物の様々な吸盤

生物の吸盤というと、コバンザメではなくタコやイカの腕の吸盤を先に思い浮かべる人も多いだろう。他にもハゼ類やウバウオ類、ダンゴウオ類は吸盤状の腹びれをもつ。ヤツメウナギ類は吸盤状の口で他の魚に吸着し、体液を吸う。また、吸盤機能をもつ植物もいる。いわゆる「よじのぼり植物」と呼ばれるツタが建物の壁や樹木に沿って成長していく際には、セーブポイントを作っていくかのように小さな吸盤で固定しながら登っていく。

バイオミメティクス製品の話をすると、スポーツシューズブランド「オニツカタイガー」の創業者 鬼塚喜八郎は、バスケットボールシューズのソール開発時にタコの吸盤からヒントを得て、1951年に強力なグリップのシューズを生み出した。

また、ウバウオなど、現在でもバイオミメティクスの観点で研究されている生物は多く、吸盤はまだまだモノづくりに活かすことができる生物機能の一つである。そして、生物の吸盤を観察するなら、スーパーなどで購入できるタコとイカの比較がおもしろい。料理をよくする人なら知っているかもしれないが、イカの吸盤にはリング状の歯がある（だから下処理がちょっとめんどくさい）が、タコの吸盤にはそのような歯はない。一見形が似ている吸盤でもそのように違いがあるので、いろいろな吸盤を比べてみるのもおもしろい。

オオオニバスの葉脈に学ぶ耐衝撃構造

水上都市はアツい…！

将来、バイオミメティクスのおかげで水上都市ができるかもしれない—。

水面に浮かぶ巨大な葉に小さな子どもが乗った写真を見たことはないだろうか。その葉がオオオニバス（もしくはパラグアイオニバス）である。葉が浮いているだけなのに子どもを乗せても沈まないことにとても違和感を覚えるが、その仕組みがおもしろい。オオオニバスはその大きな葉に特徴的な形の葉脈を張り巡らせることで、重さに耐えられる構造を獲得しているのである。

なお、オオオニバス（*Victoria amazonica*）やパラグアイオニバス（*Victoria cruziana*）はスイレン科オオオニバス属に属しており、水をはじく葉をもつハス（ハス科ハス属）の仲間ではない。茎を水面より上に伸ばし、葉に切れ目のないハスと異なり、オオオニバスは水面に葉全体が浮かび、よく見ると葉のフチに一部欠けたような切れ目がある。

数十 kg に耐える葉脈クッション

オオオニバスの葉は大きいもので直径３ｍにも成長する。とてもゴツい見た目の葉だが、葉の厚みは薄いところでなんと1mmほどである。その薄さで数十kgの重さを支えることができるというから驚きだ。なぜそんな重いものを支えることができるのか。秘密は、葉の裏面に隠されている。

茎とのつなぎ目が葉の中央付近にあり、そこから葉のフチに向かって太い葉脈が広がっていくのだが、ところどころその葉脈は垂直方向に枝分かれしている。葉全体を裏から見ると、放射状に広がる葉脈と円形の葉脈が重なっているように見える。その葉脈は、葉の裏で垂直に高く盛り上がり、仕切り板のような形をしている。葉脈によって区切られた格子状のスペースに空気がたまることで浮力を生むため、葉の上に子どもが乗っても沈まないのである。

つまり、葉脈の形態と空気をためるポケットを作り出す広がり方が、上から衝撃を受けても吸収するクッションのような効果を生み出している。薄くても丈夫であることを実現しているその仕組みは、葉を構成する材料（コスト）を少なく抑えつつ、光合成ができる葉の面積を大きくすることの両立に貢献している。

パラグアイオニバスと葉の裏側。葉に対して垂直に隆起した葉脈によって区切られている。（提供：草津市立水生植物公園みずの森）

パラグアイオニバスの裏側にたまった空気。（提供：国営沖縄記念公園（海洋博公園）熱帯ドリームセンター）

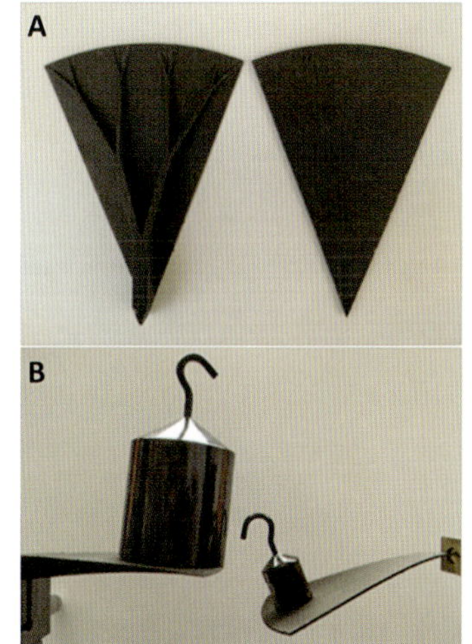

A：同じ体積で、葉脈構造を模したサンプル（左）と葉脈構造のないサンプル（右）。B：葉脈構造がある左のサンプルは変形しにくい。（Finn Box *et al*., 2022）

オオオニバスから学ぶ建築技術

かなり昔の事例だが、1851年のロンドン万国博覧会で建築された『the Crystal Palace』（水晶宮）は、ガラスの壁を鉄の骨格で支えており、その骨格構造はオオオニバスの葉脈から着想を得たとされている（当時、工学的な検証を含めてどの程度参考にしたかは不明であり、現在のバイオミメティクスの定義には入らない可能性もある）。

現在では工学的な検証も行われ、特徴的な葉脈構造をもつオオオニバスを参考にしたモノづくりが進められている。葉脈構造をもたせた板のようなサンプルのたわみ方を調べた実験では、葉脈構造をもたない板より、葉脈構造をもつ板のほうが、おもりを乗せたときのたわみが大幅に少なくなるようだ。

この技術は、建築や土木といった分野で、使用する材料を節約しつつ強度を高めたいような場面での利用が期待されている。また、オオオニバスの大きな葉は浮力によって支えられているため、海洋上の風力発電といった水面に浮遊させる構造として適しているのではないか、と考えられている。

ゆくゆくはオオオニバス型の“水上都市”といった壮大な構想に発展するかもしれない。ロマンである。

ロンドン万国博覧会で建築された水晶宮
出典：博覧会―近代技術の展示場
(https://www.ndl.go.jp/exposition/data/R/016r.html)

葉の“霜対策”に学んだ着氷させない技術

全然違う生物が、同じ目的で研究されている

空気中の水分（気体）が、夜の間に冷えた地面や草花に触れて氷の結晶（固体）になる現象が霜である。太陽の光が降りた霜にあたり輝く草花の姿はきれいで風情があるので、写真や映像で見たことがある人も多いだろう。

しかし、霜や霜の発生要因となる低温は、農産物を傷める霜害（そうがい）を引き起こすという一面もある。農作物への影響だけでなく、屋外で使用される様々な機械にとっても霜対策は重要な課題である。

たとえば、車のフロントガラスに霜がつくと視界不良になってかなり危険であるし、飛行機のボディに霜がつくとその分重量が増加し、運航に必要な燃料も増加してしまう。また、エンジンファンといった可動部分やセンサー部分に雪や氷が付着してしまうと、機械の故障や大きな事故につながりかねない。解氷剤を撒いて霜や雪を溶かすという方法があるが、もちろんその作業にも大きな手間がかかる。

そのため、機械などの表面に氷や霜をつきにくくする着氷防止技術や、付着した雪などを落としやすくする技術が積極的に開発されているが、そこにバイオミメティクスが応用できるのではないかと注目されている。

氷結晶から葉を守る

植物の環境適応といった生態学としての研究だけでなく、農作物の霜害対策やバイオミメティクスとしての応用を目的に、植物の葉の表面形状と氷の結晶の関係が研究されている。

まず、霜の影響として、葉の表面に氷結晶がつくことで物理的に葉が傷ついてしまうことが挙げられる。そこで、葉の表面でどのように氷の結晶が生まれ、どのように付着しているのかについて様々な植物で調べられている。

霜が付着した植物の葉（Stanislav NG and Elena VG, 2022 改変）

ヒメリュウキンカ（*Ficaria verna*）など耐性のない植物だと、霜がついた時に氷の結晶が直接葉に接触し、葉が傷ついてしまう。しかし、ラッパスイセン（*Narcissus pseudonarcissus*）やチューリップ（*Tulipa gesneriana*）では、葉表面にあるワックス成分による微小突起が水をはじくことで、その水が氷結晶になっても表面の細胞と接触しないようになっている。また、ヒナギク（*Bellis perennis*）など毛が生えている葉では、氷結晶がその毛の表面で形成され、葉の細胞には接触しにくくなることで、物理的な損傷から守られている。

これらの研究結果を参考に、氷が形成される場所を調整したり、水滴が氷になるのを遅らせたり、葉表面の空気の流れで小さな氷の粒を取り除いたり、といった新しい技術が検討されている。

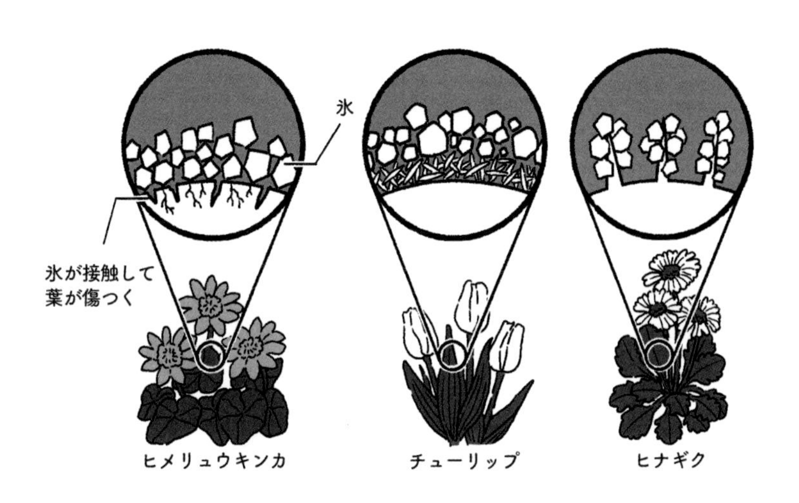

氷を撃退する新たなヒント

今回は植物の葉にスポットをあてたが、ウツボカズラやフナムシ、ガの眼、蛹の繭なども着氷防止技術に活かされている。特にウツボカズラを参考にした技術は、はじくのではなく滑らせることで雪を付着させない表面の技術として注目されている。

はじいたり滑らせたりと、着氷を防止する方法には様々なアプローチがあるため、バイオミメティクスとして参考にできる生物も多いと予想される。もちろん、霜が起きやすい環境に生息している生物それぞれが、何らかの方法で霜や低温への対策をしていると考えると、これから先もまだまだ研究事例は増え、おもしろい技術が生まれることに期待が高まる。

渡り鳥の“く”の字が飛行機の省エネに！

きれいな隊列飛行を見るとちょっと感動する

数万 km を飛んで移動する渡り鳥

日本で渡り鳥というと、マガモやツバメなどが有名だろうか。空を見上げたときに、綺麗な「く」の字に見える隊列を組んで飛んでいる鳥を見たことがあるだろう。“V”の字や“へ”の字ともいえる、渡り鳥がつくるその形には実は意味がある。

隊列を組んで飛ぶことで、前を飛ぶ鳥の後ろに生じる上昇気流を、後ろの鳥が自身を浮かすのに利用しているのである。上昇気流はその名の通り下から上へ動いている気流なので、鳥たちはその上昇気流に乗ることで体を浮かせる羽ばたきを少なくすることができ、エネルギーの節約になる。

渡り鳥の中には数万 km という長い距離を飛んで移動する種もいる。長時間空中を飛び続ける渡り鳥にとって、飛んでいるときのエネルギー節約はとても大事である。

渡り鳥の隊列飛行（画像：Adobe stock）

5％の燃料を節約する“らくちん”な飛行

渡り鳥であるハクガン（*Anser caerulescens*）の効率の良い隊列飛行を飛行機で活かそうという試みがある。欧州の航空機メーカー AIRBUS が検証を行っている「fello'fly」である。

fello'fly は、近くを飛行する飛行機の間で位置情報を共有し、前方を飛ぶ機体の後ろに発生する上昇気流に上手く乗るように後方の機体の航空経路を調整する技術である。航空機が飛んだ後に生み出される気流は時間がたてば消えるのでこれまでは無駄になっていたが、消える前にその気流の力を再利用しようという、斬新なアイデアである。

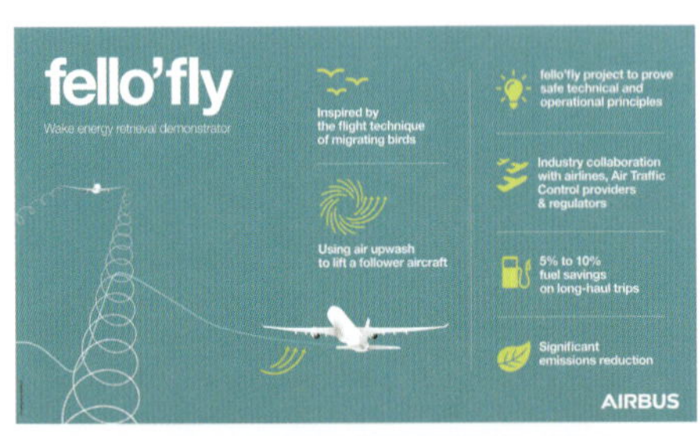

fello'fly のイメージ図。飛行する機体の後ろで発生する気流を再利用する。（提供：AIRBUS）

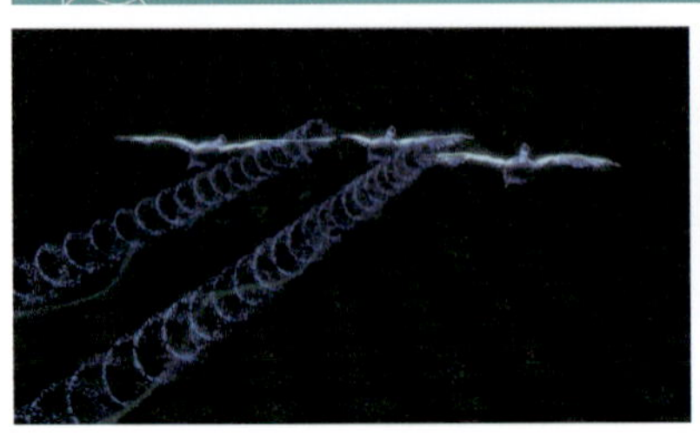

左：ハクガンの隊列飛行における空気の流れイメージ。
右：fello'fly 試験飛行の様子。（提供：AIRBUS）

ただ、飛行機間を数十 km 離さないといけない規制があるのに対し、この技術の効果を発揮させようとすると飛行機間を約 3 km とかなり短い距離にする必要がある。そのため、航空管理システムの技術開発も共同で行い、経路の設定や効果検証などが慎重に行われている。AIRBUS はこの技術によって燃料の削減と CO_2 排出量の減少を目指しており、5 ～ 10%の燃料が節約できる可能性があるとして研究が進められている。

なお、AIRBUS はこの fello'fly という技術だけでなく、多くのバイオミメティクス技術の開発と活用に取り組んでいる。

たとえば、フクロウの仲間であるトラフズクがもつ風切りばねのギザギザした微小構造（セレーション）やホホジロザメの背びれを参考にした翼の形状、アホウドリが飛行中に翼をロックすることを参考にしたたわむ翼、ハクトウワシの翼や尾の構造を参考にした機体デザイン、トンボが大きな眼で周りの状況を素早く認識できることから着想を得た航空アシスト機能などが挙げられる。

普段何気なく見ている鳥の隊列飛行といった生物の行動にも、何らかの理由や利点があり、技術やモノづくりに活かすことができる。ということは、バイオミメティクスのヒントが実は身の回りにたくさん隠されているといえるだろう。

生物の接着から生まれる医療用接着剤

接着は一大トピック

岩にひっつくフジツボ、皮膚に固定されるダニ

海辺で岩に張りついたフジツボの群生を見たことはないだろうか。浅瀬の磯などで比較的簡単に見つけることができ、一部地域では食用にもなっている。山型の殻をもっているため、一見貝のようにも見えるフジツボだが、実はエビやカニと同じ甲殻類である。

フジツボは岩や人工構造物、種によってはクジラやウミガメなどの表面にくっついて、固着生活をしている。護岸や桟橋、船舶の底などにも付着するが、船舶にくっついてしまうと船が重くなるうえ、航行するときの水の抵抗が増えてしまうといった問題がある。そのため、フジツボの付着を抑制する塗料などが研究開発されている。

漁業関係者にとってフジツボは厄介者かもしれないが、バイオミメティクスではむしろ、水中で発揮されるその類まれな接着力が注目されている。水中での強力な接着は、見方を変えればとても良いバイオミメティクスアイデアとなる。

そしてもう一つ、吸血時におけるマダニの接着についても紹介したい。マダニは、動物の皮膚を切り裂いて口を突っ込んで血液を吸うが、簡単に離れないようにセメントのような物質(セメント様物質)を出して自分自身を相手に固定する。というのも、短時間で吸い終わるカとは異なり、マダニは数日間という長い時間血液を吸い続けるからである。固定することで、宿主が動いたりこすれたりしても口が外れにくくしている。そして、多くの血を貯えるために、マダニの体は数倍から数十倍に膨らむことができる。口が皮膚に固定されるので、マダニに咬まれたときに無理矢理ひっぱって取り除こうとすると、マダニの口の部分が皮膚にくっついたままという状況になりやすい。マダニは感染症を媒介するので、咬まれた場合は自分で対処せず、医療機関を受診しよう。

話を戻すと、血を吸い終わった後も興味深い。セメント様物質で固定されたままだと、マダニも宿主から離れることができないギャグみたいな状況になってしまう。口を振動させてはがれるとの見解や、固定しているセメント様物質を溶かすための物質を新たに分泌しているという報告もあり、実はどうやって皮膚から外れているのか詳しいことはわかっていない。

セメント様物質がどのような物質なのかもまだまだわかっていないことが多いが、接着と剝離の方法が解明されると、狙ったタイミングで接着させたり剝がしたりすることができる、新しい接着剤の開発につながると期待されている。

フジツボ

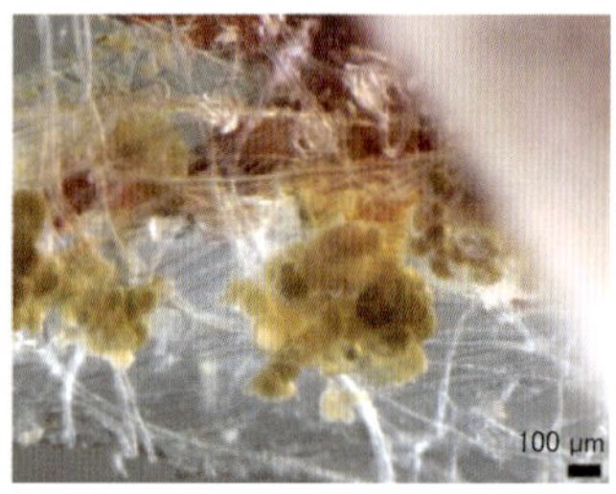

繊維状人工膜に口を突っ込み、セメント様物質
を出すマダニ（Johannes Suppan *et al*., 2017）

湿ったところへの接着は医療に役立つ

ほとんどの工作用接着剤では、水中や濡れている表面、汚れている表面にものを接着させることは難しい。しかし、止血などに用いられる医療用接着剤では、血液で濡れている状態でも接着できる性能が求められる。そして、医療用として人体に用いるためには、体内で異物として認識されにくい生体適合性も重要である。そこで、フジツボが水中でも強力に接着できる仕組みや、マダニが分泌するセメント様物質を参考に、医療用の

接着剤が研究開発されている。

フジツボは、２種類の物質を上手に使って接着している。まず、水をはじく性質をもつ脂質を多く含んだ物質で接着表面の水分や汚れをはじき落とし、その後、接着性のあるタンパク質の作用で自身と表面を強力に接着する。そのような仕組みを参考にして、水をはじく疎水性の物質と接着性のある微粒子を含んだ、医療用の接着材が研究開発されている。

マダニが分泌するセメント様物質を参考にした医療用接着剤も応用が検討されている。しかし、そのセメント様物質についてもまだ研究途上で、マダニの種類によっては主に吸血する相手が異なると、分泌する物質も異なるという可能性も示されている。利点として、マダニは哺乳類の皮膚に接着することから、フジツボよりも人体への生体適合性は高いのではないかと期待されている。

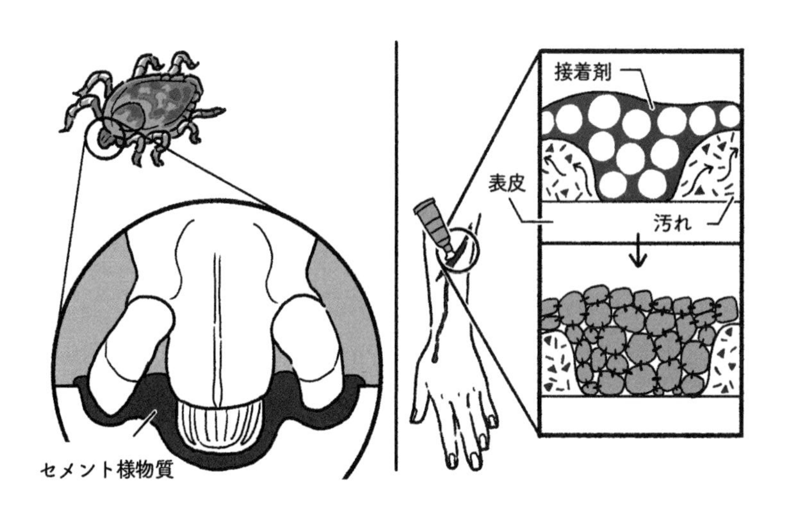

「接着」はそこかしこにある

「接着」はバイオミメティクスにとって特に注目されている技術キーワードの一つである。というのも、数多くの生物が接着の仕組みをもっており、接着技術は人間の身の回りで多く活用されているからだ。なおここでいう接着は、「くっつく」という広義の意味で使用している。

体の構造で接着する機能をもつ生物もいれば、化学物質を使って接着する生物もいる。たとえば、生物の体を利用した接着では、タコの吸盤やハゼの胸ビレ、コバンザメの吸盤などがある。さらに、分泌した化学物質を利用した接着では、今回紹介したフジツボやマダニ以外にも、海中で貝や砂を固めて巣を作るサンドキャッスルワームや、タンパク質でできた足糸を使って岩などに付着するイガイなどがある。接着の強さはまちまちだが、それぞれがもつ接着機能を発揮する“方法”が異なっているところも興味深い。

種によって分泌する物質に違いがあることを考えると、人間のモノづくりで接着したい目的やその状況によって、参考にする生物を選ぶことができる可能性が高い。

ハチの巣作りを学んだ
ドローンで新たな建築方法へ

形だけでなく、行動もバイオミメティクスになる！

「3D プリンター」を知っているだろうか？ 3次元の立体的形状のデータから、樹脂などを堆積させて 3D 造形物を作ることができるとても便利な機械である。最近は安価な 3D プリンターも販売され、フィギュア制作といった個人の趣味から、企業で試作品などを作る業務にも使われるようになっている。さらに、3D プリント技術は建築分野でも実用化され始めた。

大型の 3D プリンターを使って立体的な部材を事前に作って現地で組み立てる工法や、現地で建物を囲うような大きなレールを設置し、機械がそのレール上を移動して建築していく工法などがある。国内外で 3D プリンターを使った住宅の建設が注目されており、法整備なども含めた技術開発が行われている。

ここでは、3D プリンター建築の可能性をさらに広げるバイオミメティクスを紹介したい。ハチが巣を作る行動から着想を得た、空中を飛びながら建築するドローンである。

なお、小型無人航空機である“ドローン”の名前の由来は、雄蜂を意味する“drone”という英単語からきているらしい（諸説あり）。ドローンという新しい名前だと勝手に認識していたので、それを初めて聞いたときは「え、そうなの？！」と驚いた。

ハチは協力して立派な巣を作る

スズメバチが活発になる夏や秋には、テレビ番組などでマーブル模様の巣を映像で流しながらの注意喚起がよく行われる。養蜂箱から取り出されるミツバチの巣を見たことがある人もいるだろう。

ハチの種によって巣のサイズや材料、作る場所は異なるが、これらの巣は多くのハチが協力して少しずつ作られたものである。スズメバチは、木の皮をかみ砕き、唾液で団子状にしたものを付着させて巣を形作る。ミツバチの巣は、体内から分泌される蜜ろうでできている。他にも、トックリバチのように土を材料に巣づくりをする種もおり、ハチと一言にいっても、種類によって巣に使う素材が違っているのがとてもおもしろい。

ハチの巣といえば、六角形の枠が敷き詰められた“ハニカム構造”をしていることはよく知られている。ハニカム構造は少ない材料で強度や軽量化に優れた形状とされ、電車の車体など、様々な製品で活用されてきた。ちなみに、ミツバチの巣の精巧な六角形構造がどのように作られているのかは明らかになっていないそうだ。まだまだ生物の巣には謎が隠されており、巣の特徴やその作り方はバイオミメティクスとして技術の参考になる可能性がある。

どこにでも建てよう、ドローンで行う 3D 建築

ハチは複数の個体が少しずつ材料を付着させて巣を作っているが、そのようなハチの巣づくりから着想を得た建築方法が研究されている。複数のドローンがそれぞれ材料を搭載し、飛びながらそれを積層していくことで、建築していくのである。これは“空中積層造形”（Aerial additive manufacturing）と呼ばれる建築方法である。しかし、3D 建築としてロボットによる施工やレーンを設置した施工もあるが、建造物の高さや建築範囲が制限されやすい。

そこで役立つのがドローンである。ドローンは飛んでいるため、より自由に作業を行うことができる。人が入りにくい場所や危険をともなう場所での建築はもちろん、高所の修復作業などへの利用も可能である。さらに、人による操縦ではなく、プログラムによる自動運転を行うことで、労働力や建築期間の大幅な削減なども期待できる。

ドローン用の建築材料の開発や、複数のドローンが分担して建築するプログラム設計など、課題はまだあるが、空中積層造形は新たな建築方法として今後発展していくだろう。今回は空中で建築するということを取り上げたが、使用する建築材料に関しても、ハチの種類によって巣の材料がいろいろあるということが参考になるかもしれない。

人による建築と生物の巣づくりは関連性がある

生物には巣を作るものがたくさんいる。カンザシゴカイのように石灰質を分泌して管を作るものもいれば、カモメガイのように岩に穴をあけて巣とするもの、ハトのように枝や植物片を集めておわん型の巣を作るものなど、多種多様である。それぞれの生息環境に適した巣づくりをしていることを考えると、材料や構造、作り方などは、人間が行う建築においても十分参考になるだろう。そのためにも、各生物の巣の構造や機能といった工学的な情報について研究する必要があるかもしれない。

スズメバチの巣づくり（画像：Adobe stock）

深海に生息する「建築物」、カイロウドウケツ

造形美がすごい

任天堂株式会社の大ヒットゲーム『あつまれ どうぶつの森』にも登場する生物“カイロウドウケツ”は、バイオミメティクスで注目される生物でもある。白く美しく、筒のような形状から、英語で Venus' Flower Basket（ヴィーナスの花かご）とも呼ばれる。一見生物に見えないかもしれないが、カイロウドウケツは海綿動物門に属し、深海に生息しているれっきとした生物である。構造的にも生態的にもとてもおもしろい生物であり、将来のバイオミメティクス技術として有望だ。

常温でガラスを成形?!

なんといってもカイロウドウケツの特徴は白く輝く骨格だろう。二酸化ケイ素を含む細い繊維状ガラス質が集まった束が、さらに横・縦・斜めに組み合わさって網目状の骨格となっている。その網目から海水を取り入れ、海水中のプランクトンなどの有機物を捕食し、栄養としている。

カイロウドウケツは、このガラス状の繊維をどのように形成しているのか。そこがバイオミメティクスになるのでは、ととても注目されている。というのも、産業でガラスを生成するに

は、二酸化ケイ素を主成分とする珪砂や石灰などの材料を1000〜1500℃もの高温で溶かして成型する。しかし、もちろんカイロウドウケツはそのような熱源をもっているわけではないので、より低い温度で生成していることになる。

ガラス質が生成されるその仕組みが明らかになれば、化学分野の産業に革命が起きるのではないかと期待されている。

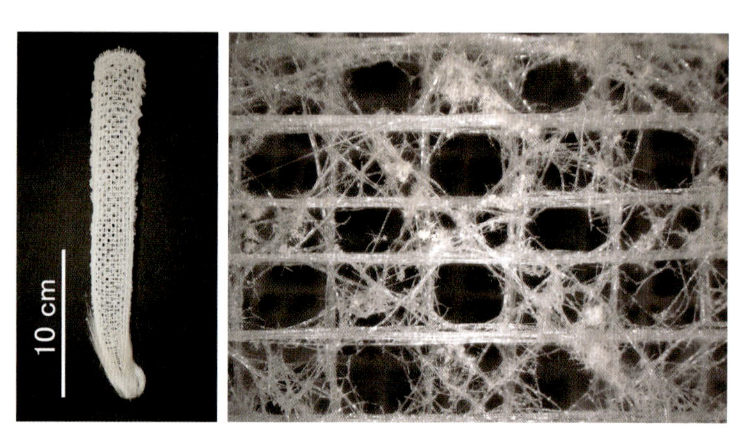

カイロウドウケツと、ガラス質繊維による網目構造

カイロウドウケツが注目されているのはガラス成分についてだけではない。他にも、繊維が組み合わさった形が強固な構造を生み出しているという報告や、骨格の形によって周囲の水の流れが調整されて食物を得やすいようになっているなどの報告もあり、建築分野や流体力学分野でも応用が検討されている。

ちなみに、カイロウドウケツの中には「ドウケツエビ」という白いエビが生息しており、雌雄ペアでその一生をカイロウドウケツ内で過ごすそう。そこにもなにか愛嬌を感じ、ヴィーナスの花かごという名にふさわしい生物であるように思う。

日本の水族館でもたまにカイロウドウケツを展示しているときがあるが、やはり深海生物ということもあり、まだまだその生態は謎に包まれているようだ。

体内の物質合成が新しいバイオミメティクスになるか

カイロウドウケツがガラス質の骨格を生成できるように、鉄成分を含むウロコと貝殻をもつウロコフネタマガイ（英名：スケーリーフット）も注目されている。鉄もまた、生成に大きな熱エネルギーを必要とするため、ウロコフネタマガイが体の組織に鉄成分を用いる仕組みを解明することができれば、大きな環境対策につながる可能性がある。しかし、深さ2000m以上の海の底に生息するため、生物学的にまだまだ謎の多い生物である。

ウロコフネタマガイ
(Anders Warén *et al.*, 2003)

形のバイオミメティクス、行動のバイオミメティクス、化学のバイオミメティクスなどがあるが、次にくる新しいバイオミメティクスはカイロウドウケツやウロコフネタマガイがもつような体内での物質合成システムかもしれない。

今後、深海での探索技術や飼育技術が発展していくことで、いまだ多くのことが未解明である深海生物の生態とその仕組みが少しずつ明らかになっていくと思うと、とてもワクワクする。

生物の研究が“暮らしを変える”

この本では、「え、世の中にはそんなバイオミメティクスがあるの？！」と驚いてもらえそうな事例を特にピックアップした。そのため取り上げられなかった事例も多いので、そのようなバイオミメティクスをここで少し紹介しておきたい。

タマムシやモルフォチョウがもつ「構造色」という仕組みは、色素ではなく表面の微細な形で色鮮やかな光沢を出すものとしてよく知られている。構造色による発色は、環境への影響が懸念される塗料の削減や、塗料を使わないことで製品をリサイクルしやすくする技術としてすでに実用化されている。製品表面の微細加工により構造色を作り出すことが多いが、富士フイルム株式会社は構造色を印刷で発現する『構造色インクジェット技術』を開発している。

ガの眼の低反射機能を参考にした「モスアイフィルム」の利用も広がっている。三菱ケミカル株式会社が開発した『モスマイト』は、車載モニターのディスプレイや、絵画の額装などに使用されている。2020年には、G-SHOCK「GBD-H1000」の液晶にモスマイトが搭載された。

帝人フロンティア株式会社は、イネの葉表面の凹凸構造を参考に、水を滑らせる生地『MINOTECH』を研究開発しており、衣類や手袋、傘などの製品ですでに使用されている。

他にも、線虫の神経系をベースにした機械学習アルゴリズムや、マンボウの形や骨格を参考にした旅客機、哺乳類の骨構造を参考にした電池部材など、業界関係なく様々な分野でバイオミメティクスは活用されようとしている。

そして、バイオミメティクスへの応用を見越した生物の研究も広がりを見せている。シャコがとても素早いパンチ（通称シャコパンチ）によって貝の殻を割ることはよく知られているが、その衝撃に耐える捕脚の強靭な構造が研究されている。また、アマゾン川流域に生息する世界最大級の淡水魚ピラルクは、強く丈夫なウロコの構造が注目されており、鋭い歯をもつピラニアなどから身を守っていると考えられている。シャコの捕脚もピラルクのウロコも、強固な材料開発への応用が検討されている。ユメアンコウの皮膚は0.5％未満の光しか反射しないことで被食者から見えにくく、超黒色皮膚と呼ばれるその構造は黒色材料のヒントとなるかもしれない。

鳥や昆虫の飛行についても期待が大きい。トンボの急旋回やホバリング、急停止などは観察も難しく、人間の技術ではロボットなどでの再現が困難といわれてきたが、実験手法の発展により少しずつ明らかになっているようだ。生物の飛行を流体力学的に検証することは、ドローンや飛行機、さらには将来的に実現するであろう空飛ぶ車の開発に役立つ可能性が十分にある。

バイオミメティクス技術に関する研究も、バイオミメティクスのアイデアとなりそうな生物の研究も、ここでは書ききれないくらい多く行われており、1年に3000本以上というペースで関連する論文が出されている一方で、いまだ明らかになっていない生物の生態もとてもたくさん残されている。新種が日々発見されていくことを考えると、未知の領域は増えているという見方もできるかもしれない。同時に、観察技術も発展しているので、バイオミメティクスになりそうな新たな情報も確実に増えている。身近な生物でも、これまで実験などでは明らかにできなかった驚くような特徴が発見されることもあるだろう。

今は想像できない革新的な技術がバイオミメティクスによって生まれ、将来は生物にとっても人間にとってもより豊かな未来社会になっていることを祈るばかりである。

おわりに

本書を手にとってくださり、また“バイオミメティクス”に興味をもってくださり本当にありがとうございます。ここでは、執筆を振り返りながら、フランクな文章で思ったことを素直に書こうと思います。

まず、私がバイオミメティクスを知ったきっかけは、以前朝日放送で放映していたテレビ番組『ビーバップ！ハイヒール』でシャープの技術者がバイオミメティクス（イルカを応用した洗濯機）を紹介していたことです。大学では工学系を学んでいましたが、子どものころから生物が大好きだったこともあり、生物に近い職業かモノづくりに近い職業かで就職先を悩んでいたときにたまたまその放送を見て、「どちらも関係する分野があるのか！」と運命を感じ、没頭するようになりました。あれから約10年、企業で働いたり博士課程を修了したり、紆余曲折ありましたが、このような書籍を書けるようになっていることがとても嬉しいです。

本の執筆についてお声がけ頂いたメールを見たのは、大阪にあるJR京橋駅のトイレでした。ちょうど、企業でバイオミメティクスの講習を終えて帰る途中のことです。いつか本を書きたいという漠然とした気持ちはずっとありましたが、当時博士課程の学生だった私にそんな話がくるなんて全く想像していなかったので、とても驚き、「え、まじで？」とトイレの中で声に出してしまったのをよく覚えています。

そして、この本の完成までは結局1年3ヶ月ほどかかりました。途中、博士論文や研究論文の執筆などありましたが、こちらの都合に柔軟に対応してくださった編集者様、出版社様には本当に感謝しております。

この本は私がはじめて書いた本になります。なので、「本を書く」ということについて感じたことを書かせてください。ありきたりかもしれませんが、一番苦労したのは、専門用語の言い換えです。たとえば、マダニが分泌する接着物質を「セメント様物質」と表現しましたが、書いているときには、「様ってなんだ？」「文献にはそう書いてあるけど、これで伝わるのか？」となりました。話すときは「様」など使わず「セメントのような物質」と何度か言ってもあまり違和感ありませんが、文章で何度も「セメントのような物質」を繰り返すと冗長に感じる…ということにかなり悩みました。結局、漢字と雰囲気で伝わるだろう、と判断しました。

そのような感じで、内容や言葉、フレーズ、いろいろなところでどれが良いかを決めないといけないことが想像より多かったです。読者の興味をひきつつ、わかりやすく、でも間違いのないように表現する、というのがとてもとても難しかったです。間違いのないようにと書きましたが、言い換えによって、学術用語の使い方としておかしい部分など少なからずあると思います。一般の読者に向けた書籍として、老若男女問わずできるだけ多くの人にバイオミメティクスのおもしろさを伝えたかったので、ある程度はご容赦頂ければと思います。
そして、私自身のボキャブラリーの少なさも感じました。親しみやすくしよう、わかりやすくしようとしすぎた結果「この生物はおもしろい」「この能力はすごい」のような超シンプルな文しか思い浮かばなかったときが多々ありました。でも良い言葉が思いつかず、一文を完成させるために考えこむこともよくありました。自分がそこでつまずいたので、いろんな単語を使って表現豊かな文章を作り上げる作家さんはすごいな、と改めて気づきました(ほらまたすごいって使った…)。もっとおもしろ文章が書けるよう精進します。
まじめな話も少しさせてください。“生物多様性”の危機や“環境破壊”は大きな問題です。対応しなくてはならない理由は様々ですが、バイオミメティクスにとって生物多様性はアイデアの根源なので、人が考えて作ってきた技術とは違う技術をもっている可能性のある生物を守っていくべきだと私は考えています。バイオミメティクスひいては革新的な技術に将来つながるかもしれない生物(すべての生物)が、環境破壊などで知らず知らずのうちに失われていくのはやっぱり悲しいです。
「生物の研究は役に立たない」などとても残念な言葉を目にしてしまうこともありますが、進化や生態など生物について研究する多くの意義の一つとして、将来バイオミメティクスにつながるかもしれない、もしかしたら人間を救うかもしれない、とうっすらとでも認識してもらえると嬉しいです。本書で紹介したように、すでに知らないところで生物は人間の生活を支えています。もしかしたら、今あなたの目の前にもバイオミメティクスが隠れているかもしれません。

なにはともあれ、本書の執筆はとても貴重な経験になりました。"本を執筆する"の実績解除です！文章を書く能力があがった実感は少しだけしかないという感じですが、書く作業には間違いなく慣れ、自分のやりやすい執筆スタイルもわかりました。執筆中は情報のインプットがかなり多かったので、研究や教育などアウトプット活動に意地でも活かしてやろうと意気込んでいます。

本を書く前に一番不安だったのは「この本で全部伝えきってしまうのでないか（今はまだ書かないほうが良いのではないか）」ということでしたが、全く不毛な心配でした。今後もいろいろな方法でいろいろな人にバイオミメティクスを伝えていきたいと思います。

個人的には、ゲームや漫画、絵本にするのもおもしろそうだなと思っています。少し学術寄りだとやりたいのは博物館での展示です。そのような機会が得られるよう、研究を続けるのはもちろん、楽しんでもらえるバイオミメティクス作品を作っていきますので楽しみにしていただけると嬉しいです。

バイオミメティクスを初めて知った、名前は知っていた、など様々な方々が本書を読んでくださったと思います。研究とか技術というと敬遠してしまう人もいるかもしれませんが、難しいことは考えなくて全然大丈夫です。「そんな技術があるんだ！」とか「生物っておもしろい！」とか、なにかしらの"楽しさ"を感じてもらうことができれば、この本の目標は達成です。

そして、日本には生物を見ることができる自然環境や博物館がたくさんあります。ぜひ、自ら足を運んで、「かわいい！」「ふしぎ！」「へんな顔ー！」など、各々の視点で自由に生物を楽しんでください。

皆様にとって、この本がバイオミメティクスはじめ、生物や科学に興味をもつきっかけになれば幸いです。ありがとうございました。

橘　悟

謝　辞

本書は多くのご縁により生まれ、執筆には多くの方にご協力いただきました。

装画を担当いただいたのは、かわさきしゅんいち様です。京都で開催されたイベントで見た、とても美麗な生物画を覚えていたことが依頼するきっかけでした。インパクトのあるとても魅力的な絵を描いていただき感激しています。

本文イラストを担当いただいたのは、ます本なつみ様です。バイオミメティクス技術やその参考になった生物について、親しみやすいタッチで、スッとイメージできるように巧みに表現していただきました。

科学情報サイト「Lab BRAINS」運営のアズワン株式会社様、アズワン様に私を紹介してくださった株式会社 A-Co-Labo 様、Lab BRAINSでの記事執筆が書籍執筆のきっかけとなりました。

京都大学の野口良造教授、株式会社 A-Co-Labo の原田久美子氏には書籍全体、京都大学の西川完途教授には一部の校閲をしていただきました。そして、編集者である田中美紀子氏には何度も原稿を通読していただき、様々なアドバイスや指摘をいただきました。

上記の方々、および画像使用にご協力いただいた企業様、博物館様に、心より感謝申し上げます。

画像の提供や使用許諾をしていただいた企業様・博物館様
（アルファベット順、五十音順、敬称略）
・AIRBUS
・Festo
・GreenPod Labs
・Lufthansa Cargo
・Sarawak Forestry Corporation
・Soundskrit
・The Biomimicry Institute
・Vienna Museum of Science and Technology
・花王株式会社
・京都府立植物園
・草津市立水生植物公園みずの森
・国営沖縄記念公園（海洋博公園）熱帯ドリームセンター
・株式会社 JMC
・清水建設株式会社
・シャープ株式会社
・トヨタ紡織株式会社
・株式会社フォトロン
・株式会社ブリヂストン

また、社会人時代含めこれまでの人生で関わってくださった方々にも感謝申し上げます。連絡がとれなくなった方々にも運命的にこの本が届けばとても嬉しいです。

参考文献・参考資料

はじめに

[pp. 5–10] 国立科学博物館 (2016) 企画展 生き物に学び、くらしに活かす .
クラレファスニング株式会社 .
森永乳業 , 4 ポット史上初！ヨーグルトが付着しにくいフタ .
三菱ケミカル株式会社 , モスアイ型反射防止フィルム モスマイト .
Benyus JM (1997) Biomimicry: Innovation Inspired by Nature (1st ed.). New York, Morrow. ISBN 0-06-053322-6.
Brunel MI (1818) Specification for Patent Application No. 4204. Forming Tunnels or Drifts Underground, Great Seal Patent Office, London.
The Biomimicry Institute.
Biomimicry for Creative Innovation. Bio-Inspired Buzzwords: Biomimicry and Biomimetics.
ISO (International Organization for Standardization, 国際標準化機構) (2015) ISO18458:2015: Biomimetics – terminology, concepts and methodology.

第 1 章

[pp. 12–16] 株式会社ゴールドウイン , speedo, Fastskin.
Muthuramalingam M *et al.* (2020) Transition delay using biomimetic fish scale arrays. Sci Rep 10, 14534.
Park Hyun Bong *et al.* (2019) Bright Green Biofluorescence in Sharks Derives from Bromo-Kynurenine Metabolism. iScience, 19, 1291–1336.
Lufthansa Cargo. Lufthansa Cargo equips a fourth freighter with CO2-efficient AeroSHARK technology. Press release, 17 October 2023.
Lufthansa Cargo. At Lufthansa Cargo, the world's first freighter to take off with CO2-efficient AeroSHARK technology. Press release, 3 February 2023.
Lufthansa Technik. AeroSHARK.
Lufthansa Technik. AeroSHARK successfully rolled out to the entire SWISS Boeing 777 fleet. Press release, 15 May 2024.
SWISS. Boeing fleet fully equipped with AeroSHARK.
JAXA. JAL、JAXA、オーウエル、ニコン 世界初、塗膜にリブレット形状を施工した航空機で飛行実証試験を実施 , プレスリリース , 2023 年 2 月 28 日 .
オーウエル株式会社 , 塗料・塗膜形成技術 .
株式会社ニコン , リブレット加工 .

[pp. 17–22] Norman Nan Shi *et al.* (2015) Keeping cool: Enhanced optical reflection and radiative heat dissipation in Saharan silver ants. Science 349(6245) , 298–301.
Willot Q *et al* (2016) Total Internal Reflection Accounts for the Bright Color of the Saharan Silver Ant. PLOS ONE 11(4): e0152325.
SY Jeong *et al.* (2020) Daytime passive radiative cooling by ultra emissive bio-inspired polymeric surface. Solar Energy Materials and Solar Cells, 206, 110296.
Changqing Ye *et al.* (2011) Highly reflective superhydrophobic white coating inspired by poplar leaf hairs toward an effective "cool roof". Energy Environ. Sci., 4, 3364–3367.
Pete Vukusic *et al.* (2007) Brilliant Whiteness in Ultrathin Beetle Scales. Science, 315, 348–348.
M. S. Toivonen *et al.*(2018) Anomalous-Diffusion-Assisted Brightness in White Cellulose Nanofibril Membranes. Adv. Mater., 30, 1704050.

[pp. 23–28] 株式会社ブリヂストン . スタッドレスタイヤのスベらない話。しろくま編 （くっつく性能のヒミツ）. Bridgestone Blog.
株式会社ブリヂストン . タイヤに気泡なんてありえない？！困難を極めたスタッ

ドレスタイヤ開発 . Bridgestone Blog.
株式会社ブリヂストン . スタッドレスタイヤのスベらない話。ヤモリ編 （引っかく性能のヒミツ） . Bridgestone Blog.
Mingrui Wu *et al.* (2023) Biomimetic, knittable aerogel fiber for thermal insulation textile. Science 382(6677), 1379–1383.
Zhizhi Sheng and Xuetong Zhang (2023) Mimicking polar bear hairs in aerogel fibers. Science 382(6677), 1358–1359.
シャープ株式会社 . 冷蔵庫 光を効率よく取り込む　シロクマの毛の構造応用で明るい庫内を実現 .

[pp. 29–32] J Laver *et al.*(2008) High performance masonry wall systems: principles derived from natural analogues. Design and Nature IV, 114, 243–252.
Donald A Lewis and Park S Nobel (1977) Thermal Energy Exchange Model and Water Loss of a Barrel Cactus, *Ferocactus acanthodes*. Plant Physiology, 60(4), 609–616.
堀部貴紀 (2020) サボテンのトゲについての解説 (形態と機能). 生物機能開発研究所紀要 , 21:50–63.
環境省 , ZEB PORTAL
AESTHETICS ARCHITECTS CO., LTD., MMAA OFFICE BUILDING.
Bjarke Ingels Group, Kaktus Towers

[pp. 33–37] Soundskrit
生物音響学会（2019）生き物と音の事典 . 朝倉書店 .
Jian Zhou and Ronald N Miles (2017) Sensing fluctuating airflow with spider silk. Proceedings of the National Academy of Sciences, 114(46), 12120-12125.
Jian Zhou *et al.* (2018) Highly-damped nanofiber mesh for ultrasensitive broadband acoustic flow detection. Journal of Micromechanics and Microengineering, 28, 095003.
池庄司敏明 (2015) 蚊 . 第 2 版 . 東京大学出版 .

[pp. 38–41] Soon RH *et al.* (2023) Pangolin-inspired untethered magnetic robot for on-demand biomedical heating applications. Nat Commun 14, 3320.

[pp. 42–45] Franks N and Richardson T (2006) Teaching in tandem-running ants. Nature 439, 153.
Kathrin Steck *et al*. (2010) Do desert ants smell the scenery in stereo?, Animal Behaviour, Volume 79, Issue 4, 939–945.
AntWeb
Festo Ltd. BionicANTs.
Marco Dorigo *et al*. (1999) Ant Algorithms for Discrete Optimization. Artif Life; 5 (2): 137–172.
Caihong Xiang *et al.* (2020) Cold Chain Logistics Distribution Routing Optimization Based on Realistic Delivery Time and Ant Colony. IOP Conf. Ser.: Mater. Sci. Eng. 768 052067.
Forcael E *et al*. (2014) Ant Colony Optimization Model for Tsunamis Evacuation Routes. Computer-Aided Civil and Infrastructure Engineering, 29(10): 723–737.
J Del Ser *et al*. (2020) Bioinspired Computational Intelligence and Transportation Systems: A Long Road Ahead, in IEEE Transactions on Intelligent Transportation Systems, vol. 21, no. 2, pp. 466–495.

[pp. 46–50] Chen H *et al.* (2016) Continuous directional water transport on the peristome surface of *Nepenthes alata*. Nature 532, 85–89.
Wong TS *et al.* (2011) Bioinspired self-repairing slippery surfaces with pressure-stable omniphobicity. Nature 477, 443–447.
Bauer Ulrike *et al*. (2008) Harmless nectar source or deadly trap: *Nepenthes* pitchers are activated by rain, condensation and nectar. Proc R. Soc. B.275(1632) : 259–265.
Lam WN and Tan HTW (2019) The crab spider–pitcher plant relationship is a nutritional mutualism that is dependent on prey-resource quality. J Anim Ecol. 88(1): 102–113.
野村康之 (2023) あなたの知らない食虫植物の世界 . 化学同人 .

花王株式会社 . “ すべる表面 ” を持続させる水系離型剤「ルナフロー」発売 . 2024 年 4 月 10 日 .
花王株式会社 . 塗布するだけで付着せずにすべり落ちる表面を作り出す新たなコーティング剤の技術を開発 . 2021 年 10 月 27 日 .
PR TIMES STORY. ウツボカズラのように？！勝手に汚れがすべり落ちる壁があったら・・・。花王独自技術で “ 常にすべる表面 ” をつくるコーティング剤の開発ストーリー
花王株式会社 . CNF 滑液コーティング剤ルナフロー .
Scharmann M *et al*. (2013) A Novel Type of Nutritional Ant–Plant Interaction: Ant Partners of Carnivorous Pitcher Plants Prevent Nutrient Export by Dipteran Pitcher Infauna. PLoS ONE 8(5): e63556.

[pp. 51–54] GreenPod Labs
The Biomimicry Institute. Meet the Past Ray of Hope Prize Recipients, 2022 Recipient GreenPod Labs.
Natural Produce Preservative Packets Inspired by Plants. AskNature.
農研機構 (2020) 野菜の最適貯蔵条件 .

[pp. 55–58] 清水建設株式会社 . 超撥水型枠「アート型枠 ®」.
辻埜真人ら (2018) バイオミメティクス技術を活用した「アートコンクリート」の開発と実用化 . 清水建設研究報告 , 第 95 号 , 7-15.
東洋アルミニウム株式会社 .「バイオミメティクス技術を活用した超撥水型枠」が「日本建築学会賞 (技術)」を受賞 . プレスリリース , 2024 年 4 月 23 日 .
清水建設株式会社 . “ 杉板アート型枠 ” で、美しい木目調のコンクリートを実現 ～「ホテル祇園一琳」のコンクリート壁 1,000m^2 超に技術適用～ . プレスリリース , 2018 年 12 月 19 日 .
日本建築学会 . バイオミメティクス技術を活用した超撥水型枠 . 2024 年日本建築学会賞 (技術).

[pp. 59–61] Britannica, The Editors of Encyclopaedia. “tunneling shield”. Encyclopedia Britannica.
Britannica, The Editors of Encyclopaedia. “Sir Marc Isambard Brunel”. Encyclopedia Britannica.
佐藤建吉ら (2003) ブルネル父子のテムズ河底トンネルの技術史的考察 . 技術と社会の関連を巡って：技術史から経営戦略まで .

[pp. 62–66] シャープ株式会社 . ネイチャーテクノロジー .
シャープ株式会社 .「CEATEC 2023」シャープブースのご紹介 . ニュースリリース , 2023 年 9 月 29 日 .
シャープ公式チャンネル SHARP：【CEATEC 2023 参考出展】ネイチャーテクノロジー・自然の風を具現化したヒーリングファン「はねやすめ」. Youtube.

第 2 章

[pp. 73–77] Tachibana S *et al.* (2023) Evaluation methods of biomimetic development: how can topics be compared and selected?. Bioinspired, Biomimetic and Nanobiomaterials, 12(2), 41–51.

[pp. 78–92] Biomimicry Institute
AskNature
Tachibana S *et al.* (2023) Evaluation methods of biomimetic development: how can topics be compared and selected?. Bioinspired, Biomimetic and Nanobiomaterials, 12(2), 41–51.
Helms M *et al.* (2009) Biologically inspired design: process and products. Design Studies 30(5): 606–622.

[pp. 93–99] 森永乳業株式会社 . 4 ポット史上初！ヨーグルトが付着しにくいフタ .

[pp. 100–107] 国立科学博物館 (2016) 企画展「生き物に学び、くらしに活かす―博物館とバイオミメティクス―」.
Aish A and Sun J-S (2020) Bioinspire-Museum: Scoping Paper. Muséum national d’Histoire naturelle.

Muséum national d'Histoire naturelle, BIOINSPIRE-MUSEUM.
The Minerals and Metals & Materials Society (2011) Biomimetics Materials Workshop at the San Diego Zoo.
140th Annual Meeting & Exhibition, February 27 to March 3, 2011.
Technisches Museum Wien. BIOINSPIRATION.

[pp. 108–110] 株式会社フォトロン
Noda R *et al*. (2023) The interplay of kinematics and aerodynamics in multiple flight modes of a dragonfly. Journal of Fluid Mechanics. 2023;967:A31.
Saito K *et al*. (2017) Investigation of hindwing folding in ladybird beetles by artificial elytron transplantation and microcomputed tomography. Proceedings of the National Academy of Sciences, 114(22), 5624–5628.
株式会社フォトロン . ハイスピードボリュメトリックキャプチャ .

[pp. 111–116] 株式会社 JMC.
CT 生物図鑑 . 株式会社 JMC.
Sketchfab
ウィーン自然史博物館 . 3D-Museum.
Kano Y (2022) Bio-photogrammetry: digitally archiving coloured 3D morphology data of creatures and associated challenges. Research Ideas and Outcomes 8: e86985.
Tachibana S (2022) A new species, *Cricotopus cataractaenostocicola*, living in a cyanobacterial colony on vertical rocky substrates with trickling water film in Japan (Diptera: Chironomidae). Zootaxa, 5178-3, 241–255.

第 3 章

[pp. 118–122] Poppinga S *et al*. (2018) Toward a New Generation of Smart Biomimetic Actuators for Architecture Adv. Mater. 30(19), 1703653.
Dawson C *et al*. (1997) How pine cones open. Nature 390, 668.
Speck T *et al.* (2023) Plants as inspiration for material-based sensing and actuation in soft robots and machines. MRS Bulletin 48, 730–745.
Simon Poppinga *et al*. (2020) Plant Movements as Concept Generators for the Development of Biomimetic Compliant Mechanisms, *Integrative and Comparative Biology*, 60(4), 886–895.
Rüggeberg M and Burgert I (2015) Bio-Inspired Wooden Actuators for Large Scale Applications. PLoS ONE 10(4): e0120718.
Vailati C *et al*. (2017) An autonomous shading system based on coupled wood bilayer elements. Energy and Buildings. 158: 1013–1022.
ETH Zurich. From pine cones to an adaptive shading system. NEWS.
藤井智之 (2012) 観察すること 松ぼっくりを開閉させる組織と細胞壁の構造 . 森林総合研究所関西支所 , 研究情報 , No.103.
世界の食虫植物、誠文堂新光社、ISBN4416403054.

[pp. 123–127] Luo D *et al.* (2023) Autonomous self-burying seed carriers for aerial seeding. Nature 614, 463–470.

[pp. 128–132] Yueping Wang *et al.* (2017) A biorobotic adhesive disc for underwater hitchhiking inspired by the remora suckerfish. Sci. Robot.2(10), eaan8072.
一般社団法人日本魚類学会編 (2018) 魚類学の百科事典 , 丸善出版 .
オニツカタイガー HP. BRAND HISTORY

[pp. 133–136] Finn Box *et al.* (2022) Gigantic floating leaves occupy a large surface area at an economical material cost. Sci. Adv. 8(6), eabg3790.

[pp. 137–140] Gorb SN and Gorb EV (2022) Anti-icing strategies of plant surfaces: the ice formation on leaves visualized by Cryo-SEM experiments. Sci Nat 109, 24.
Wong TS *et al.* (2011) Bioinspired self-repairing slippery surfaces with pressure-stable omniphobicity. Nature 477, 443–447.
Nguyen Ba Duc and Nguyen Thanh Binh (2020) Investigate on structure for transparent anti-icing surfaces. AIP Advances, 10 (8), 085101.

[pp. 141–143] AIRBUS. Biomimicry.
AIRBUS. fello'fly.
AIRBUS. How a fello'fly flight will actually work. 2020 September 9.
AIRBUS. AlbatrossONE.
T Ewert and N Mäurer (2023) Safety and Security Considerations on the Airbus Wake Energy Retrieval Program "fello'fly". 2023 ICNS, 1–12.
[pp. 144–148] Yuk H *et al.* (2021) Rapid and coagulation-independent haemostatic sealing by a paste inspired by barnacle glue. Nat Biomed Eng 5, 1131–1142.
Suppan J *et al.* (2018), Tick attachment cement – reviewing the mysteries of a biological skin plug system. Biol Rev, 93: 1056–1076.
Rebekah Bullard *et al.* (2016) Structural characterization of tick cement cones collected from in vivo and artificial membrane blood-fed Lone Star ticks (*Amblyomma americanum*). Ticks and Tick-borne Diseases, 7(5), 880–892.
[pp. 149–152] 株式会社大林組 . 3D プリンター実証棟「3dpod™」が完成 . プレスリリース , 2023 年 4 月 25 日 .
Zhang K *et al.* (2022) Aerial additive manufacturing with multiple autonomous robots. Nature, 609, 709–717.
京都鉄道博物館 . 500 系新幹線電車のハニカム構造 . 展示資料 .
[pp. 153–156] Joanna Aizenberg *et al.* (2005) Skeleton of *Euplectella* sp.: Structural Hierarchy from the Nanoscale to the Macroscale. Science 309, 275–278.
Falcucci G *et al.* (2021) Extreme flow simulations reveal skeletal adaptations of deep-sea sponges. Nature, 595, 537–541.
Fernandes MC *et al.* (2021) Mechanically robust lattices inspired by deep-sea glass sponges. Nat. Mater. 20, 237–241.
C Chen *et al.* (2015) The 'scaly-foot gastropod': a new genus and species of hydrothermal vent-endemic gastropod (Neomphalina: Peltospiridae) from the Indian Ocean. Journal of Molluscan Studies, 81(3), 322–334.
[pp. 157–159] 帝人フロンティア株式会社 . MINOTECH ミノテック .
富士フイルム株式会社 . モルフォ蝶やタマムシと同じ発色現象で高い意匠性を実現する加飾技術「構造色インクジェット技術」新開発 . ニュースリリース , 2022 年 3 月 23 日 .
三菱ケミカル株式会社 .「さくらももこ展」に光の反射を抑えるフィルム「モスマイト™」を提供 〜色彩豊かな原画の魅力をさらに伝える〜 . ニュースリリース , 2022 年 11 月 10 日 .
三菱ケミカル株式会社 . モスアイ型反射防止フィルム モスマイト .
星光（2023）バイオミメティクスを援用した新形態航空機の構造設計に関する取り組み事例 . 航空 / 船舶を支えるバイオミメティクス , 23-2 バイオミメティクス研究会 , 3–5.
Kang Ho Shin *et al.* (2020) Biomimetic composite architecture achieves ultrahigh rate capability and cycling life of sodium ion battery cathodes. Appl. Phys. Rev.; 7(4): 041410.
Nobphadon Suksangpanya *et al.* (2018) Crack twisting and toughening strategies in Bouligand architectures. International Journal of Solids and Structures, 150, 83–106.
Lenau TA *et al.* (2018) Paradigms for biologically inspired design. Proceedings of SPIE 10593, article 1059302.

橘 悟（たちばな さとる）

京都大学大学院地球環境学堂 研究員。電機メーカーの開発研究職を経て、2024年3月京都大学大学院 人間・環境学研究科で学位取得。博士（人間・環境学）。新たなバイオミメティクスの創成に向けて、技術開発だけでなく、理論研究（手法論）や生物学研究も行う。高校への出前授業や企業でのセミナー、執筆活動も積極的に行い、バイオミメティクス関連テーマを多角的に推進する。趣味は、博物館巡り、お菓子づくり、アニメ、フルート、Vtuberの推し活。

Xアカウント：@banatachiym

装丁デザイン　西垂水敦・小島悠太郎（krran）
装画　かわさきしゅんいち
本文デザイン・DTP　石澤義裕
本文イラスト　ます本なつみ

バイオミメティクスは、未来を変える
生物をきっかけに創られたテクノロジー

2024年12月1日　第1版　第1刷発行

著　者　橘 悟

発行所　WAVE出版
〒136-0082　東京都江東区新木場1丁目18-11
E-mail info@wave-publishers.co.jp
https://www.wave-publishers.co.jp/

印刷・製本　シナノパブリッシングプレス

NDC 460　171P　19㎝　ISBN 978-4-86621-495-5

＊本書に掲載されている情報は2024年10月現在のものです。